商務人士必知的會計知識

會計術語比較大全

石川和男——著

趙鴻龍——譯

U0073212

楓葉社

前言

在這裡問大家一個問題。有人說得出下列會計用語之間的差異嗎？

「簿記」與「會計」
「經理」與「財務」
「公司債」與「股票」
「降價」與「折扣」
「ROE」與「ROA」
「管理會計」與「財務會計」
「流動比率」與「速動比率」

如果繼續說下去，本書可能會被讀者默默地放回書架上，所以只列出這些……。

會計是所有商務人士必備的知識。但是，能夠正確理解並活用於商業活動的人卻寥寥無幾。

其原因在於「專業用語太多」和「難以理解用語含義的差異」。

例如，幾乎很少有人可以解釋「本期淨利」和「營業收入」的區別。不了解箇中差異，可能會出現對方談的是最終利潤，自己卻誤以為是主要業務的利潤，結果招致巨大損失的情況。

又或者，不知道「流動資產」和「固定資產」的區別，就把錢借給處於危機狀況的客戶，導致錢收不回來而陷入經營危機。

更甚者，搞不清楚「變動成本」和「固定成本」的區別，也不知道銷售額需要提升多少才能獲利，結果盲目地制定銷售目標，定出錯誤的價格，商品賣得再多都沒有利潤……。

如果在工作時出現這些問題，有可能會給你或你的公司帶來致命的損失。

因此，本書以對比的方式來解釋這些容易混淆的會計用語，讓讀者掌握會計知識，了解獲利機制，並活用於商業活動。這就是本書的宗旨。

不過，有一點需要注意，這不是一本教大家簿記，也就是如何製

作帳簿或財務報表的書。從製作報表開始學習是一件很辛苦的事情，因為很麻煩，可能讓人對會計卻步，想學會製作財務報表，卻因此感到挫折。

我們即使不知道如何作出手機，也能活用手機的功能；同樣地，就算不懂如何製作財務報表，也可以靈活運用它。只要查閱財務報表和內部資料，仔細地閱讀、分析、制定戰略、活用於商業活動中即可！除了會計人員之外，其他人不需要懂得如何製作財務報表。

抱歉忘了自我介紹，我的名字是石川和男。

我目前身兼多職，除了擔任簿記講師、稅理士之外，還是建築公司的經理擔當董事，以及兩家人力派遣公司的顧問。

我為什麼要寫這本書呢？

我從事簿記教學已有20多年的經驗。其中有15年是在大型專門學校教授日商簿記三級課程。我的教學特色是用由淺入深的方式來解釋晦澀難懂的會計用語，幫助學生順利通過考試；此外，我也在大學授課，指導尚未出社會的大學生。

除了稅理士業務之外，我也負責民間企業的會計業務，能夠掌握當前所面臨的會計問題。

不錯，我有自信可以從簿記講師、稅理士、民間企業的會計負責人這三個角度，用淺顯易懂的方式來解說。

本書將分享我從過去的經驗中學習到的所有「商務人士必備的會計知識」。

為了想幫助制定經營戰略的經營者。
為了想了解客戶財務狀況的業務員。
為了想增強會計能力的會計負責人。
為了想理解財經新聞意義的二十多歲年輕人。
為了想理解獲利機制的創業人士。

期望本書能夠幫助上述這類人士徹底改變人生。

石川和男

比較一下就能完全明白！
會計用語圖鑑

目錄

CHAPTER ①

不了解會計的全貌！

CHAPTER ②

不了解財務報表的結構！

CHAPTER 3

不了解會計科目！

CHAPTER ④

不了解結算業務！

CHAPTER ⑤

不了解會計實務！

CHAPTER ⑥

不了解分析方法！

CHAPTER 7

不了解企業會計準則！

1

不了解會計的
全貌！

有句話叫做「見樹不見林」。這是指過分
注重事物的一部分或細節，而忽略了整
體，導致無法看清全貌的意思。

不熟悉會計的人，也會出現只注重細節的
傾向。一旦從本期淨利、定額法、固定成
本等細節去看，會計就會變得難以理解。

首先從簿記、主要帳簿、損益表、資產負
債表、財務會計等方面掌握全貌，再深入
探討細節部分，這才是理解會計的捷徑。

01 ▸ 沒有會計，公司就不可能經營下去！

「簿記」和「會計」有何區別？

　　有點唐突，這裡請大家想像自己將成為美容院的經營者。儘管是假想的情境，但請帶著堅定的決心開一間美容院！

　　好了，開店需要準備哪些東西呢？你認為會進行哪些交易？

　　首先，你會將辛苦存下來的錢或退休金交給這家店。

　　這在會計用語中稱為「**投資**」。

　　公司會以這些錢作為本金，作為開設美容院的準備。

　　美容院不能開在空地，所以必須購買或租用建築物。如果是租來的建築物，就必須支付押金、酬金、預付租金、保證金、仲介手續費等費用。

　　另外，也得付錢購買吹風機、毛巾、洗髮精和潤髮乳等用品。

　　利用網路或報紙等媒體刊登廣告，也要花錢。

　　開店之後，就能拿到幫客人整理頭髮的服務費。

　　雇用員工，支付薪水作為工作的報酬。

　　資金不足，於是向銀行貸款。

　　賺到的錢還得繳稅……。

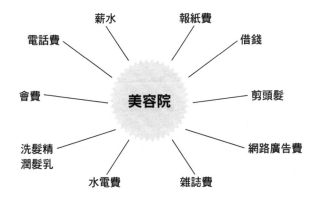

平均每天 10 筆交易 × 365 天，一年 3,650 筆交易

綜上所述，開美容院會產生各式各樣的交易，當然其他行業創業也會出現類似的交易。講到這裡，大家能把這些交易都記在腦子裡嗎？

收到瓦斯費的帳單，電費自動扣款，在便利商店繳電話費還順便買了雜誌，發薪水給員工，被客人投訴頭髮沒剪好而打折 1,000 元……。

假設平均一天 10 筆交易，一年就有 3,650 筆交易，除非把店收起來不開了，否則一輩子都要記在腦子裡‼

這不可能吧！很蠢吧！很沒效率吧！
那該怎麼辦呢？
這時「簿記」和「會計」就派上用場了。

簿記是為了方便內部管理而記錄在帳簿上

我們不可能將各式各樣的交易都記在腦海裡，何況也沒必要那麼辛苦，因為人類懂得記錄。

不依靠記憶，而是記錄下來。記在哪裡？記錄在名為帳簿的筆記本上。這種「在帳簿上記錄」的行為，就是用「簿」字和「記」字來表示的「**簿記**」。

換句話說，**簿記就是在名為帳簿的筆記本上做記錄的行為**。

簿記是將每天發生的所有交易都記錄下來。「所有交易」包括後面會提到的**資產、負債、淨資產、收入、費用五個項目，這五個項目一旦發生變動，由於都是簿記上的交易，因此必須記錄在帳簿上**。帳簿會分成左右兩邊來記錄，這點與一般的零用現金簿或家計簿有所不同。

零用現金簿

日期		摘　要	收　入	支　出	餘　額
5	1	上月餘額			30,000
	2	書本費（行動最佳化大全）		1,540	28,460
	5	看電影（未來的未來）		1,300	27,160
	≀	≀		≀	≀

舉例來說，假設5月10日從銀行借了100元，存入活期存款，這時便以

5/10　活期存款　100　／　貸款　100

的方式分為左右兩邊記錄。**這種記錄方式稱為分錄，記錄在名為分錄帳的帳簿（筆記本）上**。

不依靠記憶而記錄下來，是因為會造成經營者和員工的困擾；換言之，就是**內部管理上會很麻煩**。

除此之外，也有其他感到困擾的人！

那就是企業的各方利害關係人。

會計是向企業的各方利害關係人
報告公司狀況的程序

一開頭就提到各種登場人物，例如販賣洗髮精和潤髮乳的供貨商。**以現金形式收取或支付的行為，稱為現金交易。**但是，每次都用現金交易的話會很麻煩，有時也會發生無法找零的問題，於是便出現「這個月購買（銷售）的商品，在下個月底一起支付（收取）」的交易。

這種交易就叫做**信用交易**，會計用語中稱為**賒帳交易**，也就是「因為信任對方，可以之後再付錢」的意思。顧名思義，這是建立在信任基礎上的交易。

我相信你，
之後再付錢
就可以了！

非常感謝。
那就下個月底
一起支付吧。

但是，如果這家公司的交易只記在腦子裡，那麼就算想去相信，也無從得知這家公司的經營狀況如何？有多少資產？欠下多少債務？如果不知道這些內容，就會因為害怕而無法放心交易。對銀行來說也是一樣，公司的經營狀況、資產、債務、獲利或虧損……不知道這些內容，就會因為害怕而不敢貸款出去。投資人如果不知道獲利情況，即使對這家公司很感興趣，也不會輕易投資。如果經營者只憑「賺了100萬元，所以要繳30萬元的稅！」這樣的記憶來繳稅，稅務署也無從查證。

綜上所述，「**本公司目前是這樣的狀況！我們的資產、債務、獲利分別有這麼多！**」，必須向企業的各方利害關係人都知道這些內容，這個程序就叫做**會計**。

「簿記」和「會計」有何區別？

　　簿記是指為了方便內部管理而將交易記錄在帳簿上的行為。帳簿包括分錄帳、總分類帳、現金日記簿、銷售帳等。（參照32頁）

　　會計就是根據這些帳簿，向企業的各方利害關係人報告「本公司目前是這樣的狀況」的行為；也就是說，簿記包含在會計之內。

　　請想像一下企業的各方利害相關人包括哪些。

　　你或許會心想，除了客戶、供貨商之外，還有其他的嗎？但其實還有很多。

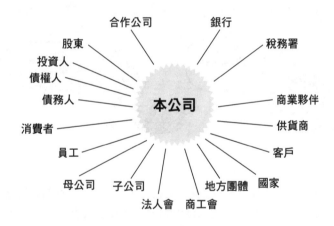

　　商業夥伴、供貨商、客戶、國家、地方公共團體、工商會議所、法人會、稅務署、銀行等金融機構、合作企業、關係企業、母公司、子公司、債權人、債務人、投資人、股東、消費者、員工……必須向這些企業的各方利害關係人報告公司的狀況。

　　換言之，簿記是為了製作向利害關係人報告的報告書，而每天將交易記錄在帳簿上的事前準備工作。

　　根據這些記錄，向利害關係人報告的一系列流程就是會計。

02 ▸ 公司版　成績單！

「經營績效」和「財務狀況」有何區別？

「要不要考慮一下投資方面的事情？」

「這家企業未來有發展嗎？」

「正在考慮轉職到運輸業，想比較幾家公司」。

你是否想過要了解「公司的內部情況」呢？

股份公司每年都會製作成績單，這份成績單可以用來向股東報告，或者作為向貸款的金融機構提供的資料。

世界上有很多公司，如果每家公司都按照自己的格式製作成績單，結果會怎樣呢？這樣不僅難以與其他公司進行比較，感覺也很不方便。

～倘若每家公司的成績單格式都不同～

A 公司	
收益	1,000
費用	700
利潤	300
資產	3,000
負債	2,200
淨資產	800

B 公司			
費用	1,000		
	利潤　300		
收益	1,300		
資產	800	負債	500
		淨資產	300

員工都很優秀!!

於是人們制定出一些規則，讓所有的公司都遵從這些規則來製作成績單。對於看成績單的人來說，「一目瞭然」、「簡單易懂」、「方便計算」非常重要。

由於是根據同樣的規則製作，因此有著
· 方便與其他公司進行比較
· 能夠輕鬆比較自家公司的年度成績
· 容易看出不同行業的特徵
這些優點。

為了用淺顯易懂的方式向利害關係人報告他們想了解的公司資訊，對公司制定出各種規則。

成績單就是按照這些規則製作出來。其中以展現**經營績效**的**損益表**，以及揭露**財務狀況**的**資產負債表**最具代表性。

經營績效是獲利或虧損多少的結果

公司都有規定的結算日。

通常是訂在月底的最後一天，所以3月結算的公司，3月31日就是結算日。

儘管也有極少數的公司會將結算日定為2月20日這種日期，但日本有99%的公司都是將結算日定在月底。

以結算日為基準，公司的年度結束，並公布「這一年的成績是這樣」的報告。

以職業棒球來比喻，投手的成績為9勝5敗2救援成功，防禦率3.14。

如果是打者，成績就是打擊率0.280、全壘打15支、52分打點。

所有選手都是以相同期間、相同標準來進行統計，所以能夠針對各種獎項進行排名，決定這個賽季的獎項花落誰家。

公司是用「**本期**」，而不是本賽季來稱呼，其中最讓人們在意的成績就是「獲利有多少？」。

獲利在會計用語中叫做**利潤**。

利潤有五種類型，內容會在後面詳細介紹。最終的利潤稱為**本期淨利**，為了計算利潤，要製作一份名為**損益表**的報告書。

損益表的英文是 Profit and Loss Statement，簡稱**「P/L」**。

顧名思義，它代表清楚呈現利潤（Profit）和損失（Loss）的計算書（Statement）。

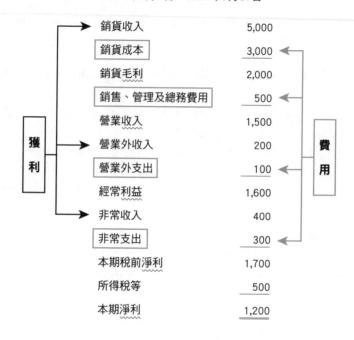

損益表（P/L）
202X 年 4 月 1 日～ 202X 年 3 月 31 日

獲利		
銷貨收入	5,000	
銷貨成本	3,000	
銷貨毛利	2,000	
銷售、管理及總務費用	500	
營業收入	1,500	
營業外收入	200	
營業外支出	100	
經常利益	1,600	
非常收入	400	
非常支出	300	
本期稅前淨利	1,700	
所得稅等	500	
本期淨利	1,200	

費用

　將收入和費用匯整起來，用獲利扣除費用來算出利潤，以此製作出損益表。

財務狀況是指資產、 債務和自己準備多少資金的狀態

日商簿記檢定三級一開始學的就是簿記的目的。
按照教科書的說法，簿記的目的是：

· 明確**一定期間內**的經營績效
· 明確**一定時間點**的財務狀況

我靠自學準備日商簿記檢定三級的時候，根本搞不清楚「一定時間內」和「一定時間點」之間的區別，結果只能用硬背的方式去應試。

簡單來說，一定期間內就是「一年」的意思。**一定期間內的經營績效，代表過去一年內產生多少收入和費用，以及因此獲得多少利潤的意思。**

另一方面，一定時間點是指**結算日**的時間點。**一定時間點的財務狀況，是指清楚呈現結算日那天的現金餘額有多少？還剩下多少債務？等內容。**

如果以錢包裡的現金來思考的話，就不難想像為何資產、負債和淨資產是在一定時間點檢視，而不是一定期間內。比方說，4月1日、7月13日、9月21日、11月15日……錢包裡的金額都不一樣吧。即使知道一定時間點的現金餘額，也不可能得到一定期間的餘額。

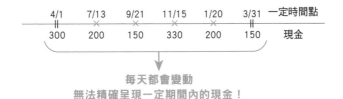

像這種餘額的一覽表就稱為**資產負債表**。

資產負債表的英文為 Balance Sheet，簡稱「**B/S**」。

那麼，是什麼和什麼取得平衡呢？

是「資產」與「負債和淨資產」之間取得平衡。

資產負債表

2020 年 3 月 31 日為止

（單位：日圓）

資產科目	金　額	負債和淨資產科目	金　額
現金	1,100	應付貸款	500
設備	100	資本金	1,000
車輛	300		
	1,500		1,500

→ 一致 !! ←

資產負債表是匯整資產、負債和淨資產的餘額製作而成。

「經營績效」和「財務狀況」
有何區別？

經營績效是企業一整年的活動成果，以損益表來清楚呈現這個結果。

・收入－費用＝利潤（或損失）

正數就是利潤，負數就是損失。
收入和費用之間的最終差額，即為本期淨利或本期淨損。

財務狀況反映截至結算日當天的資產、負債及淨資產餘額。
財務狀況是以資產負債表來呈現。

・資產＝負債＋淨資產

呈現這樣的關係式。

利害關係人形形色色。
有不少人都想知道公司的狀況。
資產負債表的用途也很廣泛，既可拿來做企業之間的比較，也能在比較企業內部不同年度的時候使用。
損益表和資產負債表可說是把利害關係人重視的「經營績效」和「財務狀況」呈現出來的報告書。
為了方便檢視、理解和計算，所以設有一定的規則。

03 ▸ 完美記錄簿記上的交易！

「分錄帳」和「總分類帳」
有何區別？

簿記的基本工作，就是從日常交易記入帳簿開始。

這個「交易」，在簿記上和一般的交易有些不同。

當資產、負債、淨資產、收入和費用增加或減少時，就代表發生簿記上的交易。例如，支付現金（資產減少）、貸款（負債增加）、投資（淨資產增加）、銷售商品（收入增加）、發放薪資（費用增加）等等，這些都是造成這五個項目變動的「交易」。因此，像是家裡因為火災而燒毀，通常不會說是「一般交易」，但如果是辦公室被燒毀，導致建築物這個資產減少，就變成「簿記上的交易」；家裡遭到小偷光顧，通常不會說和小偷做交易，但如果是辦公室遭竊，導致現金這個資產減少，在簿記上就是交易。

被小偷光顧！
帳簿上的交易

簽訂合約
不會成為帳簿上的交易

此外，簽訂合約通常會稱為「交易」，但簽約並不會造成資產、負債、淨資產、收入和費用的變動，所以不會成為「簿記上的交易」。

當發生簿記上的交易時，就要在分錄帳上做分錄，並抄寫到總分類帳上。

「做分錄」稱為「調整分錄」;「抄寫」到總分類帳上稱為「轉記」。

做分錄和轉記到總分類帳上時，也會分成左右兩邊。

左邊稱為**借方**，右邊稱為**貸方**。這並非借貸的意思，只是單純區分左右兩邊的用語，請大家記住。

如果實務上用不到這些用語的話，就沒有必要勉強自己記下來。

我們公司也是以「寫在左邊～」、「寫在右邊～」的方式來指示，不用借方、貸方這些用語。

如何記住借方和貸方

借　方	貸　方

分錄帳是按照日期記錄
所有交易的帳簿

　　分錄是簿記的基礎。在簿記的檢定考試中，甚至有人說「掌握分錄的人就掌握了簿記」。

　　在每個檢定考試中，確實分錄題目的比重偏高，像是日商簿記三級，100分中就有45分是分錄問題。不光是考試，近年來開發出不少優秀的會計軟體，所有帳簿都能夠自動製作完成，但只有分錄必須靠手動輸入，對於會計人員來說，需要相當程度的分錄能力。

　　分錄帳是按照日期記錄所有交易的帳簿。

　　如果資產、負債、淨資產、收入或費用增加或減少，就要在分錄帳上做分錄。

　　分錄帳上不會記錄資產和負債等項目。如果是資產，就記錄現金和活期存款；如果是負債，就記錄應付貸款和應付帳款；如果是收入，就記錄銷貨收入等細目，這些細目叫做**會計科目**。

　　雖然沒有固定格式，但要記錄日期、會計科目、金額等資訊。

分　錄　帳

日期		借　方		貸　方		摘　要
		會計科目	金　額	會計科目	金　額	
6 ﹨	2 ﹨	現金 ﹨	100 ﹨	應付貸款 ﹨	100 ﹨	借自角川銀行 ﹨

【分錄帳的記法】
①日期：填入交易日期
②會計科目欄位：填入「現金」、「應付貸款」等會計科目
③金額欄：填入交易金額
④摘要欄：補充件數及客戶名稱等

總分類帳是按照會計科目
分別記錄的帳簿

　　總分類帳是以分錄帳為基礎製作的帳簿，按照會計科目分別記錄。

　　以交易發生⇒分錄帳⇒總分類帳的順序製作。

　　做完分錄後，轉記到總分類帳上。在總分類帳中，現金是以現金、貸款是以貸款統一記錄，所以如果想知道一年的現金流向和金額總和的話，只要打開總分類帳的現金頁面就可以確認。

　　由於是按照各個會計科目製作，假設企業使用50種會計科目的話，那麼至少就要製作50頁的總分類帳。

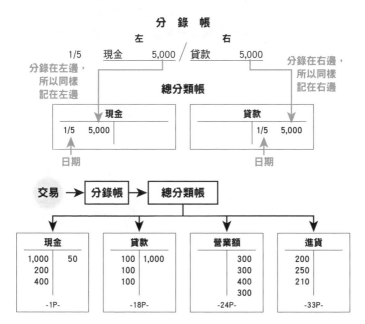

　　「現金」、「銷售額」、「進貨」等經常出現的科目，由於一年的交易量非常龐大，往往是厚厚一疊。

「分錄帳」和「總分類帳」
有何區別？

分錄帳是按照交易發生順序記錄簿記上的交易。

總分類帳是以分錄帳為基礎，對各個會計科目進行轉記。

分錄帳是按照交易發生順序進行記錄，所以可以透過它得知哪些會計科目在何時出現變動。

但是，我們無法得知各個會計科目增加或減少的數量，現在還剩多少金額。

總分類帳是按照各個會計科目進行記錄，所以可以得知增加或減少的數量，現在剩多少金額，能夠彌補分錄帳的缺點。

然而，因為不是按照交易發生順序進行記錄，無法掌握交易的流向。

分錄帳

按照交易發生順序進行記錄，所以可以透過它得知哪些會計科目在何時出現變動。

	借　方　科　目			貸　方　科　目	
01/01	現　金	3,000	／	股　本	3,000
〃/05	現　金	5,000	／	應付貸款	5,000
〃/10	薪　資	1,000	／	現　金	1,000
〃/15	現　金	3,000	／	銷售額	3,000
〃/31	應付貸款	2,000	／	現　金	2,000

可以得知各個會計科目增加或減少的數量,現在有多少金額。

總分類帳

	現金		
1/01	3,000	1/10	1,000
05	5,000	31	2,000
15	3,000		

	貸款		
1/31	2,000	1/05	5,000

	股本		
		1/01	3,000

	薪資		
1/10	1,000		

	營業額		
		1/15	3,000

每次發生交易,轉記就會增加,實際上轉記的內容是這裡的好幾十倍。

04▸ 主角有兩個，其餘是配角！

「主要帳簿」和「輔助帳簿」有何區別？

在分錄帳中，現金、貸款、股本、銷售額、薪資等會計科目，增加或減少時不是以＋或－的方式來記錄。

家計簿和零用現金簿因為只記錄現金增減的部分，所以叫**單式簿記**。

另一方面，企業得從兩個面向來看待事物，一定要分成左右兩邊來記錄，所以稱為**複式簿記**。

像上一頁的分錄一樣，將資產、負債、淨資產、收入、費用這五項會計科目分成左右兩邊來記錄。

區分的規則如下圖所示。

資產	增加記在借方（左）	減少時記在貸方（右）
負債	減少時記在借方（左）	增加時記在貸方（右）
淨資產	減少時記在借方（左）	增加時記在貸方（右）
收入	減少時記在借方（左）	增加時記在貸方（右）
費用	增加時記在借方（左）	減少時記在貸方（右）

這些是最基本的規則。運動也是一樣，如果不了解規則的話，不管運動神經再好，也無法上場比賽。

分錄也是同樣的道理，無論腦袋再好，如果記不住這些規則，就無法記錄交易。

主要帳簿是所有公司都必須
強制記錄的帳簿！

上一頁介紹了分錄的規則，是否要將這些記在腦中，仍得視你的工作內容而定。如果你是會計人員，記不住分錄的規則便無法製作帳簿。

但是，如果你是經營者或非會計人員，就不需要製作帳簿。

看得懂帳簿比會製作帳簿還重要，只要聚焦在包含財務分析在內，對經營有幫助的部分就行了。

話說回來，會計人員必須記住這些規則，只要記得位置，工作就會輕鬆許多。

因為從分錄帳轉記到總分類帳，再匯整到試算表，最後製作成損益表和資產負債表，都是套用同樣的規則。

簡單來說，資產、費用增加時記在左邊，減少時記在右邊；負債、淨資產、收入增加時記在右邊，減少時記在左邊。因為動作都一樣，我們只要記住這個規則就沒問題了。

分錄帳和總分類帳稱為**主要帳簿**。

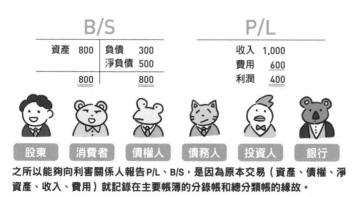

之所以能夠向利害關係人報告P/L、B/S，是因為原本交易（資產、債權、淨資產、收入、費用）就記錄在主要帳簿的分錄帳和總分類帳的緣故。

輔助帳簿是根據公司的實際情況隨意製作，用來輔助主要帳簿的帳簿

帳簿的種類繁多，但並非所有的公司都會用到所有的帳簿。

或許有人會覺得「咦？這是什麼意思？」其實答案很簡單。舉例來說，有一種名為**支票存款出納帳**的輔助帳簿，這是為了更詳細確認支票存款而製作的帳簿。如果是每天都有支票存款交易的公司，就有製作帳簿的需要，但如果一年只有1～2次的支票存款交易，就沒有必要特別記錄。

還有一種名為應收帳款分類帳的輔助帳簿，這是詳細記錄每個客戶賒帳金額的帳簿。如果是擁有好幾家客戶的公司，就需要這個帳簿來掌握每個客戶的賒帳金額，但對於只有一兩家客戶的公司來說，不用特別製作應收帳款分類帳，只靠總分類帳就足以進行管理。

應收票據記入帳是用來詳細了解應收票據增加或減少，記錄交易情況的輔助帳簿。但對於沒有票據交易的公司來說，就算想記錄，也沒有東西可以記錄。

綜上所述，**根據公司的實際情況隨意製作的帳簿，就叫做輔助帳簿**。

分錄

3/01	應收票據	300	銷售額	300
3/15	應收票據	200	應收帳款	200
4/30	支票存款	300	應付票據	300

只有分錄不了解詳細情況!!
這時就需要名為應收票據記入帳的輔助帳簿!!

應收票據記入帳

1頁

日期		票據種類	票據編號	摘要	付款人	發票人或背書人	發票日		到期日		支付地	票據全額	期末	
													日期	摘要
3	1	期票	4	銷售額	帶廣商店	旭川商店	3	1	4	30	札幌銀行	300	4 30	結清
	15	期票	8	應收帳款	大宮商店	浦和商店	3	13	5	15	上尾銀行	200		

「主要帳簿」和「輔助帳簿」有何區別？

帳簿可以分為兩種，所有公司都必須準備的帳簿，以及根據需要才準備的帳簿。

無論公司的規模是大是小，主要帳簿是一定要準備的帳簿，而這種帳簿只有分錄帳和總分類帳兩種。

另一方面，輔助帳簿是根據公司的實際情況隨意製作的帳簿。

輔助帳簿的種類大致如下。

現金日記帳、支票存款出納帳、銷售額帳、進貨帳、客戶（應收帳款）分類帳、供貨商（應付帳款）分類帳、應收票據記入帳、應付票據記入帳、零用金出納帳、商品庫存帳等。

這些都是為了更詳細地了解分錄帳或總分類帳無法補充的部分而製作的帳簿，換言之，它們的作用是用來輔助主要帳簿。

話說回來，為什麼分錄帳和總分類帳是主要帳簿呢？

向企業的各方利害關係人報告的成績單稱為**財務報表**，而財務報表的核心是資產負債表和損益表。資產負債表呈現資產、負債、淨資產的期末餘額；損益表是把收入和費用集合起來計算，以利潤來呈現其差額。

那麼，資產、負債、淨資產、收入、費用是從哪裡收集而來的呢？

這些都是從總分類帳中收集過來的。總分類帳是從分錄帳轉記過來，而分錄帳記錄著每天的交易。

這些日常交易包括資產、負債、淨資產、收入、費用的增減變動。

也就是說，為了讓企業的各方利害關係人清楚得知企業的真實情況，必須要有把每天的交易仔細記錄下來的分錄帳和總分類帳。

這就是為什麼分錄帳和總分類帳是公司必須具備的主要帳簿。

回顧過去
還是放眼未來！

「財務會計」和「管理會計」有何區別？

　　每天都有各種新聞報導會計的相關資訊，不僅日本經濟新聞或財經專門頻道，一般的新聞也常常拿出來報導，因為報導會計資訊對國民來說是很重要的一件事。

　　我們經常會在電視、報紙、網路新聞等媒體看見「○○股份公司的利潤預計比去年減少350億元」或「由於新商品熱賣，○○股份公司的銷售額增加了200％，股價也隨之大幅上漲」之類的報導。此外，每當聽到「△△商店受到新冠疫情的影響，導致銷售額大減，黯然結束長達100年的經營」這類令人遺憾的消息時，都會讓我感到惋惜和難過。

　　話說回來，報導出來的具體金額是從哪裡得知的呢？莫非是報社的財經記者潛入○○公司偷走帳簿，然後連續三天三夜不眠不休地徹夜統計……才沒這回事好嗎。

　　如前所述，企業會製作公司的成績單並對外公布，上市公司也會在自己的官網上發布相關資訊，任何人都可以隨時自由查閱，完全不必做出偷竊這種危險的舉動，只要利用公開的資訊就能進行報導。

　　其實在前面的內容中，有一個與「**財務會計**」相關的重要關鍵字，將會在下一頁向大家介紹。

財務會計是為了向外部報告而製作的「展示給外界看的會計」

財務會計是「展示給外界看的會計」，不只是公司內部，公司外部的人也能看到。告訴外界財務狀況和經營績效的就是財務會計。

上市公司有定期公布結算的義務，即使沒有上市，所有企業也有計算利潤和報稅的義務，而稅金的計算也是以財務會計為基礎製作。

股份公司每年都要召開股東大會，公司會致函給股東，請股東過來參加股東大會，此稱為召集通知，裡面必須附上以財務會計製作的財務報表。

向外界告知公司的狀況時，全都使用財務會計，有很多利用財務會計的利害關係人，例如投資人、供貨商、客戶、金融機構、信用調查公司等。大多數的人不只是看看而已，他們會分析企業目前的狀況，決定今後如何進行交易。

如果按照公司的喜好，採取不同的處理方法，就會讓分析財務報表的人做出錯誤的判斷。

為了避免出現這樣的問題，財務會計制定了「規則」，並要求企業必須遵守這些規則進行處理。

特別要求上市公司遵守的規則稱為「**會計準則**」。

因為是向外界報告，
不能弄錯正確的數字，
要製作得
簡單易懂，
不能加入
主觀意識～

僅用於公司內部的管理會計是為了制定經營戰略而製作的「機密會計」

與財務會計相對的是「**管理會計**」。財務會計是「展示給外界看的會計」，那麼管理會計就可想而知了吧？沒錯，管理會計是「給公司內部使用的會計」。

經營者也會使用管理會計。經營者每天都要做出各種經營決策，在做決策的時候，必須透過數值（主要是金額）來得知會給公司帶來多少好處和壞處。

管理會計不是為了對外公布而製作，因為是根據企業的目的而製作，所以沒有規則，由各公司自己設計。

「對經營有幫助」是管理會計唯一的目的。

作法和其他公司的管理會計不同也沒問題，沒有財務會計那樣的「會計準則」，也不必面對稽核審查。

當然，即使沒有規則，也有一定的模式。

決定商品的銷售價格對公司來說十分重要，如果無法準確掌握每種商品的成本，就不能判斷售價要定在多少。製作商品所花費的金額稱為製造成本，這是使用名為成本計算的管理會計來計算。

判斷哪個事業部門對公司的利潤做出貢獻，研判繼續發展或廢止該事業，也是以管理會計做為判斷依據。核定員工的獎金時，也是透過管理會計，用金額來判斷每位員工的貢獻度。

財務會計是必須要做的會計，而管理會計是隨意製作的會計。但是，為了公司的存續和發展，用來判斷的管理會計不可或缺。

「財務會計」和「管理會計」
有何區別？

> 財務會計……外部報告為目的，必備
> 管理會計……內部利用為目的，隨意

我們平常看到的會計都是「財務會計」，電視、報紙、網路新聞等媒體的報導、稅務計算、附在股東大會通知書上的也是「財務會計」，檢定考試最先學習的也是「財務會計」。

除非有特殊情況，否則外部的人是看不到「管理會計」的，因為它本來就牽涉到許多不能外洩的資訊。我想大家應該或多或少都有看過上面寫著「社外秘」的文件吧，那些文件大部分都是管理會計的文件。像這樣，在公司內部用來做出重要決策的就是「管理會計」。

決定銷售價格、判斷繼續或廢止事業、核定員工的獎金、判斷是否導入新機器、考慮是否採用投資項目……。

財務會計的目的是把一年間的經營績效和財務狀況正確地傳達給利害關係人，簡單來說就是製作出能夠準確傳達過去實績的成績單。

管理會計則是根據過去的數據分析未來的會計。自由地模擬未來的銷售額、成本、利潤、獲利率以求生存。

過去vs未來！ 兩者是完全不同的會計。像上市企業這樣的大公司，一個經營決策牽涉到的金額動輒以億為單位（有時候更高），小公司也有可能因為一個決策錯誤而弄得全盤皆輸。使用管理會計時，無論公司的規模大小，都必須謹慎處理。

CHAPTER 1 不了解會計的全貌！

06 ▸ 低價進貨高價賣出！
或是自產自銷！

「商業簿記」和「工業簿記」
有何區別？

「如果想從事行政工作的話，最好考一張簿記證照！」有這種想法的人應該不在少數吧？企業的徵才條件上也寫著「需具備日商簿記三級證照」等。

一般來說，日本商工會議所主辦的日商簿記檢定考試最廣為人知，此外也有針對商業高中學生舉辦的全商簿記檢定，以及針對會計專門學校學生舉辦的全經簿記檢定，當然一般人也可以報名參加考試。

檢定是按照一級、二級、三級等不同的等級來劃分，但每個檢定的標準都有所不同，即使是同一個等級，學習內容和考試範圍也大不相同。

經營製造業的Ａ公司打算招募會計人才，這家公司想請來有工業簿記基礎知識的人。

取得全商二級證書的Ｂ先生，在面試的時候，強調自己「擁有簿記二級證書」。

公司方面認為，既然具備二級資格，人品也不錯，於是很滿意地發給Ｂ先生錄用通知。

然而，當把工作交給Ｂ先生時，他卻說：「我沒學過**工業簿記**。」

在這個案例中，Ｂ先生並沒有在面試中說謊。

那為什麼會出現這種情況呢？

在這個對話中提到「工業簿記」這個詞彙。

下面就來解釋一下「**商業簿記**」和「工業簿記」有什麼區別。

商業簿記是以買賣商品的公司為對象的簿記

商業簿記是以商品買賣為對象的簿記。所有行業都需要商業簿記，大從世界級的大企業豐田汽車、軟銀集團，小至路上的拉麵店、洗衣店，同樣都會採用商業簿記。

前面提到的各種檢定考試中，三級的範圍只涵蓋到商業簿記。等級越高，商業簿記牽涉的範圍就越廣，難度也隨之提高。

工業簿記在日商簿記檢定中是二級和一級，在全商簿記檢定中是一級，在全經簿記檢定是二級、一級和上級才會加入考試範圍。

前面提到的B先生，他拿到的是全商二級的證書，所以工業簿記不包括在考試範圍內。人事主管誤以為這是日商簿記二級，才會發生這樣的烏龍。

商業簿記的大致流程，是從交易的分錄開始，最終目標是製作資產負債表和損益表。因為結算只有一年一次，所以最主要的工作就是製作財務報表。

說句題外話，在人事單位的認知中，即使求職者只有三級證書，也具備很大的優勢。

因為，資產增加時記在左邊，減少時記在右邊，負債增加時記在右邊，減少時記在左邊；現金、建築物、預付款項是資產，消耗品費、租稅公課、員工福利費是費用；左邊是借方，右邊是貸方等等，要教完全沒有會計知識的人這些東西是很困難的一件事。我在大原簿記專門學校當了15年日商簿記三級的講師，教公司員工會計對我來說不是難事，但對於靠直覺學會的人而言，教沒有經驗的人這些邏輯並不容易。

所以只要求職者具有簿記三級證書，就能省去這些麻煩，對於人事單位來說，有證書的人才真的很難得。

反過來說，如果想去會計部門工作或轉職的話，我建議還是先考張簿記證書比較好。

工業簿記是以製造產品的公司為對象的簿記

工業簿記是僅限於製造業使用的簿記。前面曾以豐田汽車為例介紹了商業簿記,「豐田不是製造業嗎?」心中有這種想法的人並沒有說錯。對製造業來說,在記錄貸款、購買資產等交易的商業簿記的同時,還需要記錄工業簿記,因為工業簿記中有個名叫成本計算的項目。

商業簿記是盡量低價進貨、高價賣出的交易。例如,成本30元的商品以100元的價格銷售的交易。

另一方面,工業簿記是盡量以低廉的價格採購材料,**自己製造**後,再盡量高價出售的交易。因為僅限於製造業,所以是在自家公司製造。

進貨的是原料,然後用機器或手工進行加工,用這種方式做出來的東西就叫做產品。

由於是計算產品的成本,因此叫做成本計算。

工業簿記就是記錄這個過程和結果的簿記。成本計算不只是單純地統計花費的費用那麼簡單,例如製造汽車的成本計算就很複雜,據說一輛汽車的零件數量高達三萬件,原料包括鋼鐵、鋁、塑膠樹脂、銅、橡膠等多種物質,計算每輛汽車用掉多少公斤以多少金額採購的材料是很困難的一件事。

還有每道工序的員工薪資、使用的機器折舊費、電費等,必須計算製造一輛汽車需要花費多少錢,此外還會出現一定比例的材料不足或作業過程中的失敗。

綜上所述,工業簿記的成本計算不只是單純地統計費用那麼簡單。

總結

「商業簿記」和「工業簿記」有何區別？

商業簿記是適用於所有行業的簿記。

工業簿記是僅限於製造業使用的簿記。

從材料採購到加工，再到工廠製作完成，就變成了「產品」，因此工業簿記中會使用「產品」這個會計科目。當這些產品進行銷售時，使用的是「商品」這個會計科目。附帶一提，在成為「產品」之前的階段（尚未完成）就遇到結算的話，那麼這些東西就稱為**「在製品」**。

商業簿記的計算期間為一年。

儘管最後是以一年為單位，但也有月度、季度、中期等結算方式，這些會在後面說明。

工業簿記的計算期間基本上是一個月，相當於商業簿記中的月度結算。工業簿記的目的在於幫助公司內部進行決策，每個月都需要確認一次進度並做出調整。

對應銷售額的費用，也就是銷售成本的合計金額，雖然有時會作為商業簿記的一部分公布，但花多少錢製作出產品這類詳細內容是不會對外公布的，如果對外公布每個產品的定價，那不就相當於洩露機密資訊，後果不堪設想。

從簿記檢定考試的角度來看，我們試著驗證商業簿記和工業簿記的差別。

商業簿記的考試範圍較廣，但不會深入各個項目。

高級的檢定考試才會深入探討，但入門等級的三級考試，只要「廣泛大致了解」便足以應付。

交易的表現方式五花八門，培養閱讀能力會有所幫助。

另一方面，工業簿記的考試範圍比商業簿記還要小，需要深入學習，也需要聯立方程式和一次函數這類數學的思維，與商業簿記相比，需要計算的部分較多。

CHAPTER 2

不了解
財務報表的
結構！

財務報表是用來呈現財產、債務、自己準備的資金有多少、什麼原因產生利潤的成績單。

對於利害關係人來說，財務報表可以作為購買商品、進行信用交易、融資、合作經營等決策的依據。為了避免做出錯誤的判斷，我們必須理解資產和負債排列方式的意義，以及五種類型的利潤。

本章將深入探討資產負債表和損益表這兩個財務報表的核心。

01 ▶ 謎題解開了！
所以左右是一致的！

「資產」和「負債＋淨資產」
有何區別？

資產負債表的英文是 Balance Sheet。

資產＝負債＋淨資產

資產的合計金額，等於負債和淨資產的合計金額，左右兩邊的數字平衡。

資產負債表是呈現資金的籌措來源和運用狀態的表格。資金從何處收集而來？此稱為「**籌措來源**」，大致分為兩種。自己籌措的資金是**自有資本**，光靠自有資本還不夠，所以還會從金融機構等處收集**借入資本**；自有資本是淨資產，借入資本是負債。如何運用收集而來的資金呢？這一點可以透過名為「**運用狀態**」的資產體現出來。

為了簡單說明，下面以較少的金額來解釋一下。

①你在創業前存了 1,000 元，把這筆錢拿去投資公司（資本金科目）。因為是自己準備的資金，所以是自有資本。

但光靠自有資本還不夠，所以又向銀行貸款 500 元（應付貸款科目）。因為是別人準備的資金，所以是借入資本。自己籌措的資金1,000 元和從別人那裡籌措的資金 500 元就是籌措來源。

自有資本以淨資產表示，借入資本以負債表示。

此時公司有 1,500 元可供運用。這筆錢的運用狀態，換句話說就是資產。

運用狀態		籌措來源	
資產		負債	
現金	1,500	應付貸款	500 ← 借入資本
		淨資產	
		股本	1,000 ← 自有資本

②空有資金不用也沒辦法工作，所以你用現金購買100元的辦公桌和300元的業務用汽車。即使買了這些東西，淨資產和負債也不會增加或減少。籌措來源不變，只是運營狀態發生了變化。

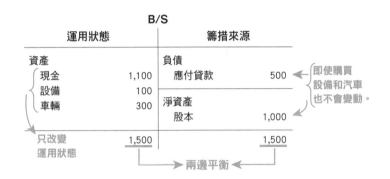

B/S

運用狀態		籌措來源	
資產		負債	
現金	1,100	應付貸款	500 ← 即使購買設備和汽車
設備	100		也不會變動。
車輛	300	淨資產	
		股本	1,000
只改變運用狀態	1,500		1,500

→ 兩邊平衡 ←

　由此可知，資金的籌措來源（負債、淨資產），以及本金的運用狀態（資產），資產負債表就是用來呈現這些內容的文件。

　開頭提過資產負債表的英文是「Balance Sheet」。它的右邊是籌措資金的總和，左邊是這些資金的運用狀態，所以左右兩邊當然會保持平衡。

資產是運用狀態，
具體來說就是金錢、物品和權利

上一頁是從「資金流向」的角度來說明資產、負債和淨資產，這裡我們從具體的內容方面進行觀察。

資產在會計用語中是定義為「能夠以貨幣為尺度進行評價，並有望在將來給公司帶來收益的經濟價值」？？？　這樣的說明讓人越來越糊塗了吧。用比較容易理解的話來說，就是「對公司來說有財產價值，可以用金額表示的東西」。說得更簡單一點，就是「金錢、物品、權利」。

●金錢

所謂金錢，就是你錢包裡的一萬元、一千元等紙鈔，以及500元、100元等硬幣，存在銀行的活期存款或定期存款等也算在內，這對公司組織來說也是一樣。

●物品

所謂物品，一般來說就是自己的房子或車子，公司的辦公室、工廠等建築物、社長車、業務車等車輛也算在內，用來販售的商品也是物品。

●權利

前提是這些都需要以正確的金額來表示。社長的氣度和能幹的員工，對公司來說都是重要的財產，但因為無法用金額來表示，所以在簿記上不算是資產。一開始使用難以理解的定義來說明什麼是資產，但其實資產就是「金錢、物品、權利」，並且可以用金額來表示。

負債＋淨資產是籌措來源。
負債是義務，淨資產是本金＋利潤

　　負債被定義為將來要向其他經濟主體交付金錢等經濟資源的義務，這麼解釋不太好懂，簡單來說就是**義務**。資產的權利是「將來獲得金錢的權利」，而**負債是「將來支付金錢的義務」**。

　　負債的代表是應付帳款和應付貸款。應付帳款與應收帳款相對，想成是相反的立場便容易理解多了。

　　舉例來說，如果簽訂一個月的貨款在下個月底支付的契約，那麼支付就會在下個月的最後一天發生。在結算日支付完畢之前，用應付帳款項目進行記錄。

　　應付貸款是指從銀行等金融機構或日本政策金融公庫等處貸款，尚未償還的金額。償還貸款需要附帶利息，但應付貸款項目中不包含利息，只有所謂的本金部分。

　　另外還有預收款，以及後述的**其他應付款**和**暫收款**。

　　預收款是公司臨時保管金錢時記錄的會計科目，例如從薪資中暫時扣除所得稅和健保費，日後再繳納給國家或社會保險廳。

　　淨資產是自有資本，主要是自己準備的金錢，這筆錢稱為「**資本金**」，除了資本金之外，還集合了**資本公積**和**保留盈餘**等本金和利潤。

　　順便一提，日本在2005年之前叫做資本，後來才改稱為**淨資產**。因為**淨資產**裡包含資產這個詞彙，請注意別跟資產混淆了。

　　淨資產是公司從股東那裡籌措而來的資金（自有資本＝股東權益），和公司本身創造出來的過去利潤，由這些累積構成。

「資產」和「負債＋淨資產」
有何區別？

　　從金錢的流向來看，淨資產和負債是籌措來源，資產表示運用狀態。具體來說，資產就是金錢、物品和權利，負債是將來償還的義務，淨資產則是本金＋至今為止的利潤。

　　資產增加時記錄在借方（左），減少時記錄在貸方（右），因此餘額必定記錄在借方（左）這邊。

　　負債增加時記錄在貸方（右），減少時記錄在借方（左），因此餘額必定記錄在貸方（右）這邊。

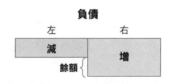

　　淨資產增加時記錄在貸方（右），減少時記錄在借方（左），因此餘額必定記錄在貸方（右）這邊。

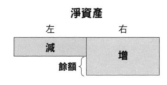

話說回來，**為何餘額必定會記錄在增加的一邊呢？**

這裡以應付貸款為例來說明。應付貸款是負債，增加時會記錄在貸方。

應付貸款（負債）

左	右
2,000	增
2,000	
2,000	10,000
2,000	
還清 2,000 歸零	餘額在右邊

❷ 對應左側的 2,000×4
❸ 對應「還清 2,000 歸零」
❶ 對應右側的 增 10,000

❶借了10,000元，右邊記錄10,000元。
❷每月償還2,000元，一共還了四次，餘額一定仍在右邊。
❸第五次還完後餘額歸零，但餘額絕對不可能記到左邊。

想想一般的借款就能理解。假如向朋友借了10,000元，每個月還2,000元，要是還超過10,000元的話，不是就多還了嗎？

另外，也思考一下應付貸款對象的現金吧。假設我們只能用這筆貸款來籌措現金，那麼

現金（資產）

左	右
增	2,000
	2,000
10,000	2,000
	2,000
	還清 2,000 歸零

❶ 對應左側的 增 10,000
❷ 對應右側的 2,000×4
❸ 對應「還清 2,000 歸零」

餘額必定會記在左邊（增加的那一邊）。

02▸ 按照換成金錢的順序排列！

「流動資產」和「固定資產」有何區別？

　　公司的財產是「金錢、物品、權利」，這在會計用語中稱為「資產」。

　　試想一下，把資產全部換成現金，那麼現金還是現金，存在銀行的存款可以在ATM或銀行櫃檯提領，應收帳款和應收票據只要等到期日就會自動支付，商品只要銷售出去就能變現。

　　土地和建築物都需要有人購買才行，除非是以銷售為目的，否則不會像商品一樣那麼容易賣掉。機器也無法輕易賣掉換成現金，即使最後能賣出去，也很可能要花很久的時間。

　　這麼一想，就會發現作為資產排列的會計科目中，有些是可以馬上換成現金的科目，也有需要很長時間才能換成現金的科目。

　　資產負債表中出現的「**流動資產**」和「**固定資產**」，就跟變現的難度有關。讓我們根據這一點，掌握這些科目各自的特徵吧。

▶「以下」、「以上」、「未滿」、「超過」有何區別？

這裡出現了「以下」、「以上」、「未滿」、「超過」等詞彙，「以上和以下」是包括前面的數字。

例如，10元以上100元以下，就包含了10元和100元。反之，「未滿和超過」不包括前面的數字，例如超過10元不滿100元，就介於11元～99元之間；換句話說，既不包括10元，也不包括100元。

流動資產是
現金或一年內可以變現的資產

流動資產是指金錢、物品、權利中的現金或者一年內可以變現的資產。

「現金」、「活期存款」、「支票存款」是流動資產，但「定期存款」就要注意了。一年內到期的定期存款屬於流動資產，超過一年的定期存款就不算流動資產。

「應收票據」和「應收帳款」也是流動資產，雖然這是售後收款的權利，但也有對方破產而無法支付貨款的風險。另外，有些應收票據和應收帳款的期限超過一年，但只要是在正常經營週期內產生的資產，就算是流動資產（※把正常經營週期內的資產和負債歸納在流動區分的做法，有個艱澀的名詞叫做正常營業循環基準）。

不是銷售（本業）以外的理由而需要延後支付時使用的「其他應收帳款」，只要時間在一年以內，也算是流動資產。

「產品」和「商品」也是流動資產，實際上不知何時才能賣掉，但可以認為是在正常的經營週期中產生的資產。產品是製造出來的物品，是指用原料製成的物品，商品不用加工販售，產品需要加工才能販售。

「有價證券」是指股票、國債等債券。以買賣或持有至到期為目的的有價證券中，到期日在一年內的有價證券是流動資產，超過一年的有價證券屬於固定資產。

固定資產是指超過一年才能變現
或不打算變現的資產

固定資產是指在金錢、物品、權利中，必須超過一年才能變現的
資產，或是公司長期持有、原本就不打算變現的資產。

以銷售為目的的「商品」，即使變現時間可能超過一年，也不算
是固定資產，而是流動資產。

另外，顯示為固定資產的金額是預估金額。車輛或建築物的價
值，會隨著使用時間而逐漸減少，這種情況稱為折舊，關於折舊會
在後面詳述（參照155頁）。

固定資產還可以細分為三大類。

1.有形固定資產

土地、建築物、車輛運輸工具、設備、機器……這些資產中，只
有土地不需要折舊。舉例來說，假設明治時代花一萬元買下的赤坂
黃金地段，隨著時間經過而變得越來越不值錢，如今只剩下200
元，看到這裡你一定會覺得難以置信吧。所以說，土地是一種不會
因為時間流逝而貶值的資產。

2.無形固定資產

專利權、經營權、軟體……正如字面上的意思，雖然是無形的資
產，但這些也屬於固定資產。專利權和軟體的價值會隨著技術逐年
進步而降低，因此需要折舊。

3.投資及其他資產

包括以投資為目的的固定資產，以及超過一年才能變現的資產。
前者有投資用不動產、投資有價證券等，後者有長期預付費用等。
預付費用屬於流動資產，長期預付費用屬於固定資產，以一年作為
區分的標準。如果是預付四個月的話，像這種一年以內的費用都是
預付費用，如果是預付未來兩年的費用，那麼第一年的預付費用就
屬於流動資產，剩下一年的費用歸納為長期預付費用，屬於固定資
產（參照98頁）。

「流動資產」和「固定資產」有何區別？

流動資產和固定資產的區別主要有下列兩點。

1. 是否能在一年內轉換成現金
2. 是否在正常經營週期內產生

　　如果符合1或2的任何一項，就屬於流動資產，如果都不符合，就屬於固定資產。流動資產因為容易變現，對於公司來說，相當於可以隨時動用的資金，這對於分析公司的狀況時很有幫助。詳細的分析方法將在第6章06節的流動比率（參照220頁）中介紹，這裡只告訴大家基本觀念。

　　舉例來說，假設A公司和B公司都有2,000萬元的資產和1,000萬元的負債，如果按照資產來區分，A公司的流動資產為1,500萬元，固定資產為500萬元；另一方面，B公司的流動資產為300萬元，固定資產為1,700萬元。

　　根據這些資訊來分析兩家公司的情況，這兩家公司都有未來必須償還1,000萬元的義務，但A公司即使償還了1,000萬元，仍擁有500萬元的流動資產，反觀B公司的手頭上目前只有300萬元，可以預見短期內還不出1,000萬元；換言之，B公司的經營狀況顯然非常糟糕。

　　只要比較流動資產和流動負債，我們就能分析出公司的短期安全性。

A公司

B/S

資產	流動資產 1,500	負債	1,000
		淨資產	1,000
	固定資產 500		

B公司

B/S

資產	流動資產 300	負債	1,000
	固定資產 1,700		
		淨資產	1,000

「流動負債」和「固定負債」有何區別？

「負債」是未來必須償還的義務。「資產」可以分成流動資產和固定資產，那麼負債是怎麼分類的呢？

未來必須償還的金錢未必都是向銀行等金融機構貸款借來的。尚未付款的商品費用（應付帳款）、用分期付款購買的設備和機器等未支付的費用都包含在內。

這些都是義務，所以遲早必須償還，但償還時間是根據契約或協議而定。

如果是應付帳款的話，可以約定在7月31日結算，下個月的8月15日支付（月底結算，下個月15日支付），以這樣的方式於日後付款。

向銀行等金融機構或日本政策金融公庫貸款時，需要簽訂金錢消費借貸契約書，簡稱「**金消**」。

例如，有些應付貸款需要五年才能還清，有些則需要簽訂十年以上的契約。個人在購買住宅或汽車的時候，多半不是一次付清，而是採取貸款的方式，對公司來說也是一樣。

說了那麼多，還沒有說明前面問到的負債分類方式。其實負債和資產一樣，也可以分為「流動負債」和「固定負債」。

先前已經解釋過流動資產和固定資產的區分方式（參照50頁），我想大家應該不難想像如何區分。讓我們繼續看下一頁吧。

流動負債是指
一年內有義務支付的負債

流動負債是指短期的負債。

在會計的世界裡，一年以內定義為「短期」。《企業會計準則》這本會計的規則書上，規定短期是一年以內，也稱為「一年準則」或「一年規則」，只要以一年為界限就很容易理解了。

這裡的一年是指資產負債表上記載的日期，也就是從結算日的隔天開始算起的一年。開始計算的第一天稱為**起算日**，如果3月31日是結算日，那麼起算日就是4月1日。

還有一點，「應收票據」和「應收帳款」即使超過一年也屬於流動資產，同樣地，「應付票據」和「應付帳款」即使合約超過一年，也屬於流動負債。因為根據規定，日常的營業交易所產生的負債都是流動負債。

「應收票據」和「應收帳款」是專門針對本業銷售的債權，所以是**應收帳款**；反之，「應付票據」和「應付帳款」是專門針對本業採購的債務，所以是**應付帳款**。

「應付貸款」中，償還期限在一年內的金額是流動負債。為了明確區分，資產負債表上不會記載「應付貸款」，而是記載「短期應付貸款」，如果償還期限還有兩年，超過一年的償還金額就是「長期應付貸款」。不過，在隔年的結算中，由於距離償還還有一年，所以隔年結算時要將會計科目從「長期應付貸款」變更為「短期應付貸款」或「一年內償還的長期應付貸款」。

在本業以外產生未來支付義務的「其他應付款」，處理方式也和「應付貸款」一樣，根據一年基準，區分為「短期其他應付款」和「長期其他應付款」。

此外，「代收款」和「預收款」也屬於流動負債。因為提供商品或服務、支付保證金，這些都不太可能拖延到超過一年，所以都歸類為流動負債。

「未付所得稅等」是指應該繳納的所得稅、住民稅及事業稅的未繳納金額。做完結算確定稅額之後，有義務在結算日起兩個月內支付，因此屬於流動負債。

固定負債是從結算日的隔天起，
超過一年才有償還義務的負債

固定負債是指長期的負債。不列入流動負債的負債都是固定負債，從結算日的隔天起，超過一年才有償還義務的負債是固定負債。不過，在正常營業循環基準內產生的債務，或者說得簡單一點，在正常經營週期內產生的應付帳款，不屬於固定負債，而是流動負債（參照51頁的正常營業循環基準）。

具體的會計科目為「長期應付貸款」和「長期其他應付款」，這些已經在上一頁說明過了。

●「公司債」

公司為了募集資金而發行的債券，類似於國家發行的「國債」或地方政府發行的「地方債」的公司版本。募集到的資金遲早得還給公司債持有人（購買公司債的人），這裡的償還稱為贖回。

贖回期限通常都超過一年，所以基本上屬於固定負債。不過，若是在一年內贖回的話，就會變更為「一年內可贖回公司債」這種容易理解的會計科目，並從固定負債改成流動負債。

●「預收保證金」

不動產公司所收取的押金。個人租房子或者公司租辦公室的時候都要支付押金，雖然是說「支付」，但押金會在退租時退還，所以準確來說不算是支付，而是交給不動產公司保管。以收取押金的不動產公司的立場來看，退租時有償還的義務，因為有未來償還的義務，所以是負債，被歸類為固定負債。

如果償還期限剩下一年，就要改成流動負債，因此有些負債在本期是固定負債，但到了下一期會被歸類為流動負債。

「流動負債」和「固定負債」
有何區別？

流動負債和固定負債的區別在於以下兩點。

1.是否有義務在一年內償還
2.是否在正常經營週期內產生

如果符合1或2的任何一項，就屬於流動負債，如果都不符合，就屬於固定負債。只要了解資產和負債中流動和固定的含義，對資產負債表的看法也會發生變化。

在資產負債表中，「流動負債」和「固定負債」會分開顯示，但負債還有另一種特別的分類方式。管理會計有時會將負債分成「計息負債」和「不計息負債」。

計息負債

顧名思義，這是有支付利息義務的負債。借錢的時候，除了本金之外，償還時還得加上利息。像短期應付貸款、長期應付貸款、公司債這類向他人借錢並支付利息的會計科目都屬於此類。

不計息負債

顧名思義，這是沒有支付利息義務的負債，包括應付票據、應付帳款、其他應付款、預收款、代收款等。

另外，還有一種不同類型的負債叫做「**準備金**」。準備金是為了應付未來產生的費用，作為當期費用預先準備的預估金額。

這裡以固定資產為例，如果員工工作年資長達30年，未來要支付給員工的退休金會相當高，如果在退休的年度才一口氣認列費用會很麻煩，每年預先準備一定金額認列，就是固定負債的「**退休金準備**」科目。

「股東權益變動表」和「淨資產科目」有何區別？

　　股份公司中，表決權是取決於持有的股數。假設已發行股票總數為1,000股，有六名股東，A股東持有600股，B股東持有200股，CDEF股東各持有50股。在這種情況下，無論會議要決定多麼重要的事項，持有全體股份的60％的A股東只要開口都能通過，如果是多數決的話，六個人中只要有四個人同意就會通過；但股份公司的表決權不是由人數決定，而是由股數來決定。

　　這裡我們要深入探討「**淨資產科目**」，淨資產＝資產－負債。因為資產和淨資產很容易混淆，所以有時也會把資產稱為**總資產**，不過這兩種名稱也很容易混淆……。

　　淨資產就是實質的資產，也就是總資產減去貸款等具有償還義務的負債後，公司所持有的資產。

　　請大家閱讀的同時查閱60頁的圖。

　　除了資本金之外，還有**資本公積**和**保留盈餘**，這些加起來就是**股東權益**。股東權益在淨資產中占了大部分，在控制股東權益的基礎上，再來考慮其他的淨資產會比較好。

　　另外還有**評價換算差額等**和**新股認購權**。

　　評價換算差額等是指資產按照市價評估時所產生的損益，包括有價證券和土地的評價差額等。

　　新股認購權是指可以獲得股票交付的權利。只要行使這項權利，就能認購該股份公司的股票，也就是俗稱的「認股權證」。

股東權益變動表顯示淨資產從期初到期末的變動

　　股東權益變動表是結算文件的其中之一，用來表示一個營業年度的淨資產在會計期間內的變動情況，在經營分析中不常拿來使用。

　　資產負債表上記載的淨資產科目金額，是截至結算日時的金額。相對地，股東權益變動表是從前期末的金額開始，對本期的變動金額進行加減，最後顯示本期期末的金額的一覽表。

　　假設從前期末繼承下來的本期初資本金為30,000千元，本期發行了10,000千元的新股，變成40,000千元，資產負債表上的淨資產科目就會記載資本金40,000千元。

　　另一方面，在股東權益變動表中，本期初餘額為30,000千元，因新股發行而增加10,000千元，本期期末餘額為40,000千元。

　　與其用文字解釋，不如直接看實際的股東權益變動表會比較快了解。

　　像這樣，從淨資產科目的期初開始，經過期中金額變動的加減變化，本期期末的餘額便一目了然。

股東權益變動表

自 令和○○年○月○日
至 令和○○年○月○日

(單位：千元)

	股　東　權　益										評價・換算差額等		
		資本公積			保留盈餘								
						其他保留盈餘							
	股本	資本準備	其他資本公積	資本公積合計	法定盈餘公積	普通準備	未分配保留盈餘	保留盈餘合計	庫藏股	股東權益合計	其他有價證券評價差額	新股認購權	淨資產合計
本期餘額	30,000	10,000	0	10,000	2,000	3,000	5,000	10,000	0	50,000	500	2,000	52,500
本期變動金額													
新股發行	10,000	1,000		1,000						11,000			11,000
盈餘分紅							△500	△500		△500			△500
隨盈餘分紅而累積的法定盈餘公積													
本期淨利							4,000	4,000		4,000			4,000
庫藏股處分													
××××													
股東權益以外項目的本期變動金額（淨額）											200		200
本期變動金額合計	10,000	1,000		1,000			3,500	3,500		14,500	200		14,700
本期期末餘額	40,000	11,000	0	11,000	2,000	3,000	8,500	13,500	0	64,500	700	2,000	67,200

淨資產科目是指資產負債表上顯示的本期期末金額

淨資產科目是指資產負債表上記載的項目。

資產負債表中有資產科目、**負債科目**、**淨資產科目**，資產＝負債＋淨資產的關係成立。

在結算日那天記載結算日時的餘額。

構成淨資產的是以資本金為首的幾個固定科目。

從資產負債表中只摘錄淨資產科目，如下所示。

淨資產科目

I 股東權益	×××
資本金	×××
資本公積	×××
資本準備	
其他資本公積	
保留盈餘	×××
法定盈餘公積	
普通準備	
期初保留盈餘	
庫藏股	×××
股東權益合計	×××
II 評價換算差額等	×××
III 新股認購權	×××
淨資產科目　合計	×××

I的股東權益占了淨資產的大多數。為了呈現淨資產科目在這一年內經過哪些變化而出現這個金額，還要以股東權益為主製作股東權益變動表。

總 結	「股東權益變動表」和 「淨資產科目」有何區別？

股東權益變動表是淨資產從期初到期末一年間的變動金額一覽表。

淨資產科目在資產負債表上只會記載本期期末的金額。只要比較一下就能看出，直書的淨資產科目，在資產負債表改成橫向排列，顯示變動的細項。看到這兩張表，不禁讓我想起時下流行的藏頭詩，只要看每一行的第一個字，就會顯示出訊息。（笑）

以財務報表來說，股東權益變動表是與資產負債表、損益表、會計科目明細表（參照131頁）一起構成結算文件。

資產負債表的淨資產科目中，顯示一年間變化的資料，就是股東權益變動表。

像資產負債表一樣呈現某個時間點的金額就叫做「存量」。

反之，像損益表一樣呈現一定期間的損益收支就叫做「流量」。或許因為原本是股票用語的緣故，股票的英語和存量一樣都叫做Stock。

淨資產科目是存量，股東權益變動表是流量，這就是兩者的不同之處。由於使用的會計科目是共通的，只要從存量和流量的觀點來理解就不會有問題。

05

**收入減去費用
就會產生利潤！**

「收入」和「費用」有何區別？

　　損益表是揭露公司過去一年的經營績效文件。

　　「追求利潤」是公司的目的之一，簡單來說，就是以「賺錢」為目的。在會計的世界中，獲利稱為「**利潤**」。

　　即使公司有很棒的理念，比如對社會做出貢獻、非常注重環保等，如果每年都持續虧損，公司仍會倒閉。對企業來說，獲利比什麼都來得重要。此外，公司獲利就得繳稅，獲利越多，繳納的稅就越多，從結果上來看，這也是對社會的貢獻。

　　收入是指在規定的會計期間內，除了股本交易以外的企業經營活動所產生的資產增加。我自己都搞不清楚自己在說什麼（笑）。

　　簡單來說，就是產生利潤的原因。

　　在屬於收入的會計科目中，「銷貨收入」是最具代表性的科目。銷貨收入是指企業對外銷售商品或提供服務時，作為對價收取的金額，商品和服務都是使用「銷貨收入」這個會計科目。

　　另一方面，**費用**是指公司在營業活動中，為了獲利而花費的金額。簡單來說，就是為了賺取收入而犧牲的支出。

　　例如廣告宣傳費。假設公司是位於住宅區的文具店，位置不太顯眼，為了讓大家知道店鋪的位置，於是透過夾報廣告來宣傳，這時就要支出廣告宣傳費。經過宣傳之後，橡皮擦、筆記本等文具便賣得出去，就能認列銷貨收入這項收益。由此可見，廣告宣傳費是為了獲得收益而犧牲的支出。

費用中最具代表性的會計科目就是「進貨」。

這是為了取得銷售的商品而支付的金額，沒有這項支出便無法得到收入。蔬果店想要販賣蘋果，就必須先進貨，否則無法進行販售。

住宅區的文具店
↓
角落文具

從報紙廣告上得知

從網路廣告上得知

來去看看吧

「收入」和「利潤」都和獲利相關，所以會讓有些人混淆，經過前面的說明，現在大家都明白了嗎？收入是產生利潤的原因，收入減去費用就是利潤。

・收入－費用＝利潤（負數為虧損）

正數就是利潤，負數就是**虧損**。

收入是產生利潤（獲利）的原因

除了銷貨收入之外，收入還包括下列幾項。

●「收取〇〇」的模式

收取手續費、收取房租、收取利息……仲介手續費、房租、存款所獲得的利息等。不過，同樣是「收取〇〇」的模式，應收票據（參照91頁）因為是將來收取金錢的權利，所以屬於資產。

●「〇〇收益」的模式

有價證券出售收益、固定資產出售收益、有價證券評價收益……出售持有的有價證券、建築物或機器所獲得的收益。如果是證券公司出售有價證券的話，因為是本業，所以屬於銷售額，如果不是證券公司，就是銷售利益。同理，如果是房地產公司出售建築物或土地，就屬於銷貨收入，其他公司則會在銷售利益中認列本業以外的收益。

●其他模式

雜項收入……認列上述以外的各種雜項收入。

▶ 出現在電視節目上的富豪之謎

有時電視上會出現類似「新宿魅力十足的牛郎店經營者，一年竟能創造一億日圓的銷售額」這種標題的節目，並介紹這些人的成功秘訣，令人嘖嘖稱奇。或許有些人會覺得很厲害，但是光憑這些資訊根本無法得知他們是否真的有獲利。因為「營收」和「銷售額」都是指收益，如果沒用收入減去費用，就不知道獲利（利潤）有多少。

例如，經營牛郎店確實有高達一億日圓的銷售額，但也會產生支付給員工的薪水、新宿的房租、水電費、開瓶費、被賒帳而收不回來的服務費用等費用。

用收入減去費用，搞不好實際上是虧損狀態。

所以說，只看收入並無法得知是否真的那麼賺錢。

費用是為了獲利而犧牲的支出

除了進貨之外，費用還包括下列幾項。費用的會計科目種類遠遠多於收入，但如果考慮到資金流出的情況，就比較不難想像了。

●「○○費」的模式

廣告宣傳費、消耗品費、水電費、通訊費、試驗研究費……儘管種類繁多，但廣告費、辦公用品費、水電瓦斯費……很多像這樣的費用一眼就看得出是花在哪些地方。

●「支付○○」的模式

在支付手續費、支付房租、支付利息……在收益中，收取手續費、收取房租等項目是「收取○○」，如果立場反過來，就變成是「支付○○」，這些也不難理解。不過，即便同樣是「支付○○」的模式，支付票據（參照91頁）因為是未來付款的義務，所以屬於負債。

●「○○損失」的模式

有價證券出售損失、固定資產出售損失、有價證券評價損失……這也是收益中「○○收益」的反面。

●稅金相關

印花稅費使用的是「租稅公課」科目，也有「所得稅、住民稅及事業稅」或「消費稅等」的科目。

因為名稱有「稅」這個字，所以也沒那麼難理解。

●其他模式

雜項費用……認列上述以外的各種雜項費用。

「收入」和「費用」有何區別？

收入是產生利潤的原因。

費用是為了獲利而犧牲的支出。

利潤是用收入減去費用而算出的。

（收入－費用＝利潤）

收入、費用以及利潤是損益表的主要內容。了解本節後，就能讀懂損益表的細節。

當交易發生時，我們會透過會計科目的細目來記錄，而會計科目大約有100個項目。

一聽到多達100個項目，你或許會覺得「咦～這麼多哪記得住！」。

請不用擔心，會計科目不必靠死記硬背來記住。

在我小時候，從國中一年級開始就有英文課。

請回想一下你第一次學英文時的情況。

大象＝elephant、狐狸＝fox、動物園＝zoo……這些單字根本毫無關聯性！我們只能拚命背誦、念出來、寫下來、翻單字卡、貼在洗手間……感覺這些不愉快的回憶又浮現在腦海中，但會計科目幾乎不需要靠這些方式來記住。

在會計的世界裡，現金就是現金，活期存款就是活期存款，土地就是土地，薪資就是薪資，保險費就是保險費，需要記住的其實也只是日常生活中用到的名詞而已。

另外，預繳的錢就是預付款，借來的錢就是貸款，寄送的費用就是運費等等，像這些科目也可以從字面上的意思大致了解。

也有一些費用和收入相反的會計科目。

例如：

利息支出⇔利息收入
房租支出⇔房租收入
有價證券出售損失⇔有價證券出售收益
固定資產出售損失⇔固定資產出售收益
有價證券評價損失⇔有價證券評價收益

等等。資產和負債也有

應收票據⇔應付票據
應收帳款⇔應付帳款
其他應收款⇔其他應付款

等等。

另外，在100個會計科目中，每家公司也有自己常用的科目。這麼一想，即便有100個會計科目也不足為懼了。

「營業收入」和「營業外收入」有何區別？

損益表是用來顯示公司一年來經營績效的成績單。

銷貨收入	10,000	+
銷貨成本	<u>6,000</u>	▲
銷貨毛利	4,000	
銷售、管理及總務費用	<u>1,500</u>	▲
營業收入	2,500	
營業外收入	1,000	+
營業外支出	<u>1,200</u>	▲
經常利益	2,300	
非常收入	700	+
非常支出	<u>900</u>	▲
本期稅前淨利	2,100	
所得稅、住民稅及事業稅	<u>700</u>	▲
本期淨利	<u>1,400</u>	

對公司而言，最大的收入是本業所帶來的「銷售額」。

如果是販賣商品的公司，會認列銷貨收入。

客戶未必是最終消費者，如果是生產日用品的製造商，那麼藥妝店、藥局、超市、便利商店等都是公司的客戶。

對於藥妝店來說，像我們這樣的最終消費者就是客戶。

如果是補習班、按摩店這類提供服務的公司，那麼透過提供服務獲得的金額就是銷售額。

銷售額有時也稱為**營業收入**。

損益表中有時不會出現營業收入這個用語，但還是讓我們整理一下營業收入和**營業外收入**的區別吧。

營業收入是指透過商品或服務等本業獲得的收益

營業收入與營業外收入是相對的用語，是指損益表上的銷貨收入。

流通業、超商業等，除了「銷貨收入」外，有時還會記載「營業收入」。

在「營業收入」中，如果是販賣產品或商品，就會顯示為「銷貨收入」。

另一方面，如果是服務或手續費等對價，就會顯示為「營業收入」。

便利商店分為直營店和加盟店。在自家公司或直營店銷售商品所獲得的收益是「銷貨收入」，從租戶收取的租金或加盟商（加盟店）收取的權利金是「營業收入」。

銀行等金融業也不是「銷貨收入」，而是以「營業收入」來表示。

結論就是，不管使用哪個名稱，都是指本業的收益。

當然，每家公司的本業都不一樣。

任何一家公司都有「章程」，裡面記載著公司的目的。公司成立的目的就是「要透過什麼樣的事業來獲得收益」，也可以說，營業收入是公司章程中記載作為公司目的的事業活動所獲得的收益。

▶ 章程和登記簿謄本有何區別？

兩者都是表示公司狀況的法律文件。

公司章程也稱為公司的憲法，是在公司設立的時候製作，並請公證人協助認證。股份公司會記載目的（經營什麼樣的事業）、商號（公司名稱）、總部所在地、設立時出資的財產、發起人的住址姓名、可發行股票總數等內容。

登記簿謄本就像是公司的戶籍謄本，上面記載著公司章程的部分內容，讓人了解這是一家什麼樣的公司，一般人也可以在法務局閱覽或取得。

營業外收入是指
每期經常性產生非本業所得的收益

營業外收入，顧名思義就是非本業所得的收益。

例如公司出售不動產時。

如果公司章程中記載的主要目的是「不動產租賃業」，因為是本業，所以就是「銷貨收入」。

但是，如果公司章程中記載的主要目的是「零售業」，由於不是本業，因此不能認列「銷貨收入」，這種情況就要認列「營業外收入」。不過，如果不是每期經常性發生的特殊情況，有時也會被歸類為特別損益，這部分會在後面說明。

營業外收入的科目有很多，下面介紹其中幾項。

●**利息收入**　把金錢存入或借給金融機構或第三方而收取的利息。

●**股利收入**　持有股票而收取的股利。

●**有價證券利息**　為了買賣而持有的國債、公司債等債券所產生的利息。

●**不動產租賃費**　透過向外部出租土地、建築物、機器等資產而獲得的收益。

●**進貨折扣**　在期限之前支付應付帳款而得到的折扣金額（前提是事先簽訂契約）。「進貨」這個名詞很容易讓人誤以為是費用。

除此之外還有雜項收入。近年來由於受到新冠疫情影響而陷入經營困難的餐飲業，有時會得到補助金，這些補助金也作為雜項收入認列為收益；公司將不需要的書拿去 Mercari 或 Bookoff 販售，獲得的收入也屬於雜項收入。

「營業收入」和「營業外收入」
有何區別？

營業收入是本業的收益，營業外收入是非本業的收益。營業收入與銷貨收入差不多，是否屬於本業可以根據公司章程上的內容來判斷。

營業外收入是非本業的收益。不過，即使是非本業，如果是不常產生的收益，就屬於非常收入，所以嚴格來說，只有非本業且經常產生的收益才屬於營業外收入。

不管認列多少利潤，客戶也會擔心本業的收益太少，非本業的收益才是產生利潤的原因。我曾經基於興趣而調查過某家製造公司，這家公司的本業是製造業，卻幾乎沒有利潤，反而是透過非本業的諮詢業務來獲利，像這樣的分析也可以透過區分來了解。

再回頭看看損益表，上面有「**非常收入**」、「**非常支出**」等名稱。

非常收入是指只在那一期才例外產生的臨時性收益，或者是前期調整後的收益。雖然與利潤有關，卻屬於收入。

非常支出是指只在那一期才例外產生的臨時性損失，或者是前期調整後的損失。雖然與損失有關，卻屬於費用，這兩種都是罕見的情況。出售非本業的固定資產而產生利潤，或者是前期漏計銷售額，這些都屬於非常收入；因火災或地震而損失資產，或者是前期認列過多銷售額而在本期修正，這些都屬於非常支出。

損益表可以反映企業一年來的經營績效，對投資人來說是非常重要的資訊，申請貸款的時候，金融機構一定會要求提供這份文件。計算公司所得稅向稅務署提交確定申報表時，也必須附上這份文件。

損益表可以作為判斷利潤如何計算的材料，對利害關係人來說是最重要的資訊。

為了避免讓其他人做出錯誤的判斷，所有的收益都要明確區分是什麼樣的收入，這一點至關重要。

07▸ 超有料級！
只要記住就不會忘的損益表閱讀方法

「經常利益」和「本期淨利」
有何區別？

　　獲利稱為利潤，損益表上可以發現幾個與利潤有關的項目名稱。

　　從利潤＝收入－費用的角度大致思考，我們只要把收入和費用分別加總，然後將兩者相減，就能輕鬆計算出利潤，感覺只需要一個利潤就可以了。

　　事實上，日商簿記檢定三級所學習的公式是本期淨利＝收入總額－費用總額。本期淨利是最終的利潤，所以這個公式並沒有錯，但如果要考二級以上的檢定，就不只要學本期淨利，還得學習更詳細的利潤。

　　損益表不只是公司內部使用的文件，也要對外公布。為了避免讓利害關係人做出錯誤的判斷，需要提供正確的資訊，所以才對利潤制定不同階段的意義。損益表上的利潤有五種，讓我們按照順序一一整理吧，請大家在閱讀的同時參考68頁的P/L。

1. 銷貨毛利

　·**銷貨收入－銷貨成本＝銷貨毛利（毛利潤）**

　　銷貨成本是指商品本身的進貨價格，也可以說是單純靠商品買賣得到的利潤。

　　無需進貨的公司，銷貨收入就等於銷貨毛利，又稱為毛利潤或毛利。

2. 營業收入

・銷貨毛利－銷售、管理及總務費用＝營業收入

扣除員工薪資、廣告宣傳費、辦公室租金、耗材費、水電費等所謂的銷售、管理及總務費用後所得到的利潤。

以上都是從本業獲得的利潤。

3. 經常利益

・營業收入＋營業外收入－營業外支出＝經常利益

利息、股息、匯率這類非本業的一般事業活動中產生的收入和費用，兩者相減後得到的利潤。

這是公司日常進行的業務中所能獲得的利潤。

接下來會在下一頁和第四種利潤一起解釋經常利益，最後再詳細說明第五種利潤。

經常利益是經常性的利潤，
也就是透過一般業務獲取的利潤

作為本業獲利的營業收入，加上營業外收入，減去營業外支出就是經常利益。（營業收入＋營業外收入－營業外支出）

營業外收入是指在非本業的正常事業活動中所產生的收益，典型的例子就是存款時收取的利息收入。

營業外支出是指在非本業的正常事業活動中所產生的支出，典型的例子就是貸款時支付的利息支出。利息收入是營業外收入，與之相對的利息支出就是營業外支出。

兩者都是因為存款或借款而產生的，雖然並非本業，卻會經常性發生。

經常利益的英文是「Ordinary profit」。Ordinary 為通常、一般、正常的意思，因此經常利益是公司正常獲得的利潤。

雖然公式裡包含營業外的收支，但一樣是公司進行的活動。

經常利益可說是檢視公司經營狀況時最重要的利潤指標。事實上，我在銀行負責資金放款業務的朋友們都異口同聲地說：「經常利益非常重要。」

下一個要介紹的利潤是本期稅前淨利。

4.本期稅前淨利

· 經常利益＋非常收入－非常支出＝本期稅前淨利

這是扣除因特殊因素而產生的收入和支出後所得到的利潤。

非常收入或非常支出都是在「特別」的情況下產生，例如偶然出售土地獲得的銷售利益、因火災而造成的火災損失等等，這些都是因為發生與一般事業活動無關的特殊情況才認列的。

一旦確定本期稅前淨利後，就要進行所得稅等計算。扣除所得稅等稅金後的利潤就是本期淨利。

本期淨利是指一年內賺取的最終利潤金額

5. 本期淨利

· 本期稅前淨利－所得稅等＝本期淨利

所得稅等是指所得稅、住民稅及事業稅，扣除這些稅金後的**本期淨利就是公司一整年的最終成績**。

綜上所述，利潤可分為五個階段。

特別損益項目中的「非常收入」，雖然與利潤有關，卻屬於收入；同樣地，「非常支出」雖與損失有關，卻屬於費用。

稍後還會出現所謂「**邊際利潤**」的利潤，這是一種用來分析財務報表的利潤，與損益表中用來報告的利潤是不同的東西。

在這裡，我有一件無論如何都想告訴大家的事，所以特別將這個部分縮短，以便留出一些空間來介紹。日本第一書評家土井英司先生是我非常敬佩的一個人，他也是全球銷量突破一千兩百萬冊、近藤麻理惠的著作《怦然心動的人生整理魔法》（Sunmark 出版）這本書的出版製作人，我想介紹的就是他的 YouTube 影片。或許有人會問：「為什麼要在這裡提到介紹書籍的影片？」確實我是為了研究書籍而觀看了影片，但當我觀看土井先生上傳的畫面時，我偶然發現一個關於會計的影片。那個影片的標題是《只要記住就不會忘的損益表閱讀方法》。

日本第一的書評家是以怎樣的見解來閱讀財務報表的呢？我懷著這樣的好奇心觀看這部影片，裡面的內容讓我茅塞頓開。

土井先生在影片中主張：「想成為有錢人，想在事業上取得成功的人，不會看財務報表還是打消這個念頭吧。因為看不懂財務報表，就不了解事業的結構，所以也不知道自己的工作與利潤有何關聯。」

他還提到：「損益表是按照事業的優先順序製作。」

這裡所說的「優先順序」是指什麼呢？

「經常利益」和「本期淨利」有何區別？

接續上一頁的內容，讓我們來思考一下『損益表是按照事業的優先順序製作』這句話的真正含義。

①**銷貨收入**＝顧客。最重要的是購買商品的顧客。

②**銷貨成本**＝第二重要的是供貨商。沒有進貨就沒辦法做生意，如果是辦公用品店，就要購進辦公用品，才能做生意。

③**銷售、管理及總務費用**＝第三重要的是員工。員工固然重要，但排在第三名，因為員工是為了讓供貨商心情愉快地工作，為顧客做出貢獻而存在的。

④**營業外支出**＝銀行。因為可以向銀行貸款，能夠把借來的錢拿來週轉和經營公司。

⑤**非常收入／非常支出**＝類似公司的副業。比如多餘的股票或不動產。

⑥**所得稅等**＝國家。從賺取的利潤中繳納稅金。

⑦**本期淨利**＝股東。將扣除稅金後的最終利潤分配給股東。

把這些整理一下，順序如下。

①銷貨收入（顧客）

②銷貨成本（供貨商）
銷貨毛利

③銷售、管理及總務費用（員工）
營業收入

④營業外支出（銀行）
經常利益

⑤非常收入／非常支出（股票或不動產）
本期稅前淨利

⑥所得稅等（國家）

⑦本期淨利（股東）

　　從數字上來看，優先順序是由上而下，但想要讓人產生幹勁時，順序就得由下而上來看。

　　換句話說，先說服股東出資，得到國家的認可來做生意，然後向銀行貸款，招募員工，跟供貨商打聽能否幫忙製造或銷售商品，最後對顧客進行行銷活動，生意就是如此運作。

　　從數字上來看，優先度重要的是由上而下的順序，讓人產生幹勁的是由下而上的順序。

　　只要看過土井先生獨創的損益表讀法，就會發現其實背後有很多支持企業的相關人士。

CHAPTER 3

不了解
會計科目！

簿記上的交易、分錄的規則、分錄帳和總
分類帳的意義、資產負債表、損益表的讀
法……。

只要理解這些會計的骨幹,之後只需要再
充實一下內容就可以了。

日常生活中使用的現金和存款,在會計
上有什麼不同?信用交易使用的應收帳
款、應收票據、其他應收款、應付帳款、
應付票據、其他應付款之間有何區別?

由上而下逐一解決細節問題,不僅可以加
深對會計的理解,說不定也會在不知不覺
中愛上會計。

01 ▸ 你所不知道的現金世界

「一般的現金」和 「簿記上的現金」 有何區別？

近年來，付款的方式越來越多元。

去便利商店和超市消費基本上都是用現金支付，如果身上沒有現金，想用信用卡支付的時候，人們就會詢問：「可以刷卡嗎？」

現在政府也在大力推動無現金化政策，除了信用卡之外，用交通類的IC卡或「○○Pay」這類手機應用程式進行支付也變得司空見慣了。

「電子貨幣」這個名詞也是近年才出現。

對於消費者來說，無論用哪種方式支付，金額都一樣，但**對於收錢的店家來說可不一樣**。

讓我們試著用現金和信用卡來比較。

以10萬元的商品為例，不管用何種方式付款，銷售額都是10萬元。如果收到的是現金，就能拿來支付明天進貨的款項，如果是信用卡，就不能用來付款。當顧客用信用卡支付時，店家大約要等30天才能收到商品的款項，例如在月底統計銷售額，扣除支付給信用卡公司的手續費後，剩下的金額會在下個月的15號匯入帳戶。

我們平時使用的現金，和簿記上所說的現金有一點不同。**1萬元紙鈔的價值一樣是1萬元，500元硬幣的價值一樣是500元，但是簿記上的現金範圍就稍微廣泛一些。**

一般的現金是指通貨，
也就是錢包裡的紙幣和硬幣

紙幣和硬幣合稱為通貨。紙幣是被稱為日本銀行券的紙鈔，在日本的紙鈔有一萬元、五千元（最近幾乎沒見過）、兩千元及一千元等面額。硬幣則有500元、100元、50元、10元、5元和1元等面額。

曾經流通過岩倉具視肖像的偏藍五百元紙鈔，或者更早期的一元紙鈔等，在收藏家之間都有增值，價值比面額還要高。

但是，這不代表可以用這個價值買到東西。說到底，記載在鈔票上的金額才是現金的價值。

說句題外話，你知道日本推動無現金化的進展緩慢是什麼原因嗎？其中一個很大的原因在於日本人的高度道德感。

日本是治安很好的國家，很少發生搶劫或扒竊。有個專訪外國人來日本的電視節目，外國人在節目中形容日本是「弄丟錢包還找得回來的神奇國度」。聽到外國人讚不絕口，身為日本人也感到與有榮焉，但對於接受過撿到失物要送到派出所教育的日本人來說，這麼做是理所當然的事情。

另外，貨幣的製造技術非常先進，出現偽鈔的風險也比其他國家低得多，這也是原因之一。

正因為治安良好、技術能力先進，使得日本無現金化的推行速度比起其他國家相對緩慢。

值得一提的是，據說製造1元硬幣需要花3塊錢，製造越多就虧得越多。每次消費稅增加，需求和製造也會隨之增加，明知製造越多虧得越多，但只要貨幣還在流通，就不能不製造。

因此也可以認為，無現金化正是在這樣的背景下推動的。

下一頁將介紹「簿記上的現金」，其中會出現一些只有會計人員才會認為是現金的現金。

比如說，在好萊塢電影中，有錢人炫富的時候拿出來的那張「要多少金額隨便你填」的紙，那張紙也算是現金。

簿記上的現金是指除了通貨之外，
還可以馬上在金融機構兌換成通貨的東西

簿記上的現金除了通貨（紙幣和硬幣）之外，還包括通貨代用證券。通貨代用證券共有五種，顧名思義就是可以代替通貨使用的證券。

1 . 股息收據

公司配股的時候，不是直接發給股東現金，而是寄送股息收據這樣的憑證給股東。在股東大會上決定配息後，然後告訴大家：「1 股是多少錢，請排隊領取～」這樣也很麻煩吧，何況也有股東沒有出席大會。

因此採取日後郵寄股息收據的方式。收到的人只要拿到金融機構，就能馬上兌換成貨幣，所以在收到的當下就作為現金來處理。

2.他人開出的支票

具體內容會在後面說明，這是發票人委託付款人（銀行）向收款人支付一定金額的證券。收到的人（收款人）只要拿到金融機構，就能馬上兌換成貨幣，所以在收到的當下就作為現金來處理。如前所述，這在好萊塢電影中經常看到。

3.匯票

匯票是銀行發行的支票。

只要將收到的匯票拿到金融機構，就能馬上兌換成貨幣，所以在收到的當下就作為現金來處理。

4.到期的公司債息票

這是公司債的息票，後面會介紹。（參照171頁）

息票也可以拿到金融機構馬上兌換成貨幣，不過由於息票有設定期限，在到期日的時候才會當作現金處理。

5.郵政匯票

郵政匯票是郵局提供的一種匯款方式。

匯款人在郵局購買匯票等證書，然後用一般郵件將證書寄送給收款人。

收到匯票後，拿到郵局就可以兌換成貨幣，因此在收到的當下就作為現金來處理。

紙幣和硬幣等通貨，再加上上述1～5的通貨代用證券，都屬於簿記上的現金範圍。

「一般的現金」和「簿記上的現金」有何區別？

一般的現金是紙幣、硬幣等通貨。

簿記上的現金除了通貨以外，還包括通貨代用證券。

通貨代用證券包括股息收據、他人開出的支票、匯票、到期的公司債息票、郵政匯票等五種。

通貨代用證券的共同點是只要拿到金融機構，就可以馬上兌換成貨幣。既然可以馬上兌換成貨幣，那麼拿到的時候就當作現金來處理會比較合理。讓我們用分錄確認一下。

（1）持有甲公司股票100股，收到甲公司20,000元的股息收據作為結算股利。

（借）現金　20,000／（貸）股利收入　20,000

（2）銷售60,000元的商品，收到60,000元他人開出的支票。

（借）現金　60,000／（貸）銷貨收入　60,000

（3）到期的乙公司公司債息票有10,000元未處理。

（借）現金　10,000／（貸）有價證券利息　10,000

分錄都是用現金科目來處理，但是題目中並沒有出現現金這個名詞。

另外，也有一些容易混淆但不是現金的東西。

那就是郵票和印花稅票。郵票和印花稅票上也寫著面額，看起來就像是通貨代用證券，但拿到銀行或郵局並無法兌換成現金。如果保險箱裡放著未使用過的郵票或印花稅票，就屬於資產科目中的用品（金錢、物品、權利）。

02▸ 沒有利息，沒有存摺，不能使用ATM！到底什麼是支票存款？

「活期存款」和「支票存款」有何區別？

活期存款和**支票存款**都有「存款」兩個字，可以由此得知是「存款」的種類，但還有一個類似的名詞，那就是「儲蓄」。

我對新來的員工進行培訓時，一問到「你們覺得存款和儲蓄有什麼區別？」的時候，幾乎沒有人回答得出來。

存款就是把錢存在金融機構。金融機構是指都市銀行、地方銀行、信用合作社、信用協會、信託銀行、工商協會中央合作社等，網路銀行也包括在內。

這是一種把錢存進金融機構供其運用，然後以利息的形式回饋給存戶的制度。

儲蓄是把錢存入郵局、農會、漁會等機構。

存款和儲蓄的不同之處只在於存放的地方不同，讓金融機構運用這些錢來收取利息的機制是一樣的。

郵政民營化以後，郵局變成了「郵政銀行」，「儲蓄」這個名詞便越來越少使用。

大家一定很驚訝居然還有這種以為了解、其實不懂的用語吧。

言歸正傳，接下來說明「活期存款」和「支票存款」的區別。

活期存款是指可以自由存取金錢，
一般人廣泛使用的帳戶

　　無論是個人或企業，開設存款帳戶通常都是開設活期存款帳戶，活期存款可以隨時自由存取金錢。

　　其優點是可以自動領取薪資和年金，也能自動扣除電費、瓦斯費、水費等公共費用或信用卡費用。只要設成自動扣款，就能省去每次付款日都要跑銀行或到便利商店繳納的麻煩，可以避免忘記付款。

　　另外，定期在月初等固定的日子刷存摺，就可以確認和管理金錢的出入情況。對個人而言，可以當成家計簿使用；對企業而言，存摺也可以充當輔助帳簿。活期存款的利息通常是每半年計算一次，例如2月和8月，3月和9月等。

　　活期存款固然方便，可以自由存取金錢，也沒有期限限制，但利息很低，利率差不多只有0.001％左右。

　　假設存入1,000萬元，一年的利息也只有100元，再扣掉20％以上的存款利息稅，剩不到80元。

　　萬一存款的銀行不幸倒閉怎麼辦？

　　活期存款是一般的存款，所以受到存款保險制度的保護，最高可保護1,000萬元。這1,000萬元是包括定期存款等在內的合計金額，千萬別以為「分開存放就沒問題」，這點一定要注意。

▶ 通知存款、定期存款、納稅準備存款、特別存款有何區別？

通知存款……短期存入大筆資金時，利率會高於活期存款，不過有存入後7天內不得要求提領的限制。

定期存款……原則上在一定期限內不能提領，有期限的存款。

納稅準備存款……以繳稅為目的而儲蓄的存款，除了用來繳稅以外，原則上不能提領。

特別存款……不以儲蓄為目的，而是以暫時保管為目的的存款。

支票存款是用來結算票據或
支票而開設的帳戶

企業或自營作業者如果要使用票據或支票來結算，就需要開設支票存款帳戶。

與活期存款不同的是，並不是每個人都能輕易開設帳戶，開戶的時候還需要通過審核。

我在29歲那年曾經協助一位照顧過我的人創業，當時的我在不知情的情況下，到了一間大型銀行開設支票存款帳戶。

接待的行員嗤之以鼻地對我說：「支票存款帳戶豈能隨隨便便讓你們開戶啊～」態度可謂極其傲慢，真的很像《半澤直樹》裡面那種惹人討厭的角色。因為一直被對方瞧不起，最後不得已只得摸摸鼻子回去。

但是，要創業的那個人還有另一家公司，而且是那家銀行的超級大客戶。這次社長有事先聯絡銀行，所以當我再次到窗口辦理業務時，那位行員便一反之前的態度說：「唉唷～既然是○○社長要開的新公司，那您早點說嘛～」那位老兄隨即幫我開設支票存款帳戶，想不到一個人的態度竟然會因為對象而差那麼多，這點著實讓我驚訝。

存取款需要辦理相關手續，不能像活期存款那樣在 ATM 上操作，也沒有利息，不會提供存摺，而是以金融機構發行的支票存款交易核對表來取代。

在簿記的題目中，票據和支票是必考題，學過會計的人一定很常看到支票存款這個會計科目。

支票存款屬於結算用存款的類別。結算用存款必須滿足以下三個條件。

① 可以提供結算服務
② 可以隨時按照存款人的要求退還
③ 沒有利息

由於受到存款保險制度下的全額保護，即使金融機構破產，支票存款帳戶內的餘額也會受到保護。

「活期存款」和「支票存款」有何區別？

將兩者的差異整理成表格。

	活期存款	支票存款
ATM 存取款	○	×
利息	○（低）	×（零）
發行存摺	○	×
存款保護制度	○（1000萬元以內）	○（存款全額）

　　支票存款帳戶是用來結算票據或支票而開設的帳戶。到了結算日，如果帳戶裡沒有餘額的話，就有可能因此破產。弄錯匯款日期或匯款帳戶，客戶因為填寫錯誤而沒有匯入本公司的支票存款帳戶，若因為這樣的人為疏失導致公司倒閉，簡直令人難以置信吧，於是便出現名為透支契約的制度。透支契約是即使存款餘額為零，只要在契約金額之內，由金融機構代為墊付負數部分的制度。舉例來說，如果簽訂500萬元的契約，那麼即使帳戶餘額只剩下100萬元，扣除600萬元也不會遭到拒付。當然，透支契約並不是金融機構無償提供的服務，透支部分的金額會產生利息；換言之，負數部分就相當於向銀行借錢。

　　對於交易金額和客戶數量不多的自營作業者和小型企業來說，只用活期存款便足以應付交易所需，況且開設支票存款帳戶還要經過審查，非常麻煩。如果不需要用票據或支票進行結算的話，就沒有必要特地開設支票存款帳戶；反之，如果需要使用票據或支票結算，就必須開設支票存款帳戶。

▶ 支存透支和銀行透支有何區別？

結論是一樣的，只有立場不同。對借錢的公司來說是支存透支，對貸款的銀行來說是銀行透支。

03 ▸ 可不能老是笑嘻嘻地只收現金

「應收帳款」和「應收票據」
有何區別？

　　經常購買公司商品的顧客，稱為回頭客，過去是叫做「老顧客」。如今，持續和公司進行交易的顧客則稱為「商業夥伴」。

　　「應收帳款分類帳」又稱「客戶分類帳」。在蔬果店購買 150 元的高麗菜，就要支付 150 元的現金，這是最基本的交易。等價交換成立，用 150 元換高麗菜是做生意的基本。

　　那麼「酒館賒帳」怎麼算呢？有些熟客會「賒帳」喝酒，當天不付錢，而是等到下次來店時再一次付清。對於每天都要記帳的酒館來說，**雖然有銷售額，但因為沒有收到現金，所以便增加「事後收取的權利」的資產來取代「現金」。**

　　資產是金錢、物品、權利。

　　提供酒菜，收取現金作為銷售額的對價，就是金錢，如果是事後再收，就是權利。雖然在簿記上同樣都是資產，但沒有拿到現金的話，多少會讓人覺得不放心吧。

　　酒館賒帳只憑藉對經常來店裡消費的老顧客的信任，如果顧客跑得不見人影，這筆帳就收不回來。

　　在會計中，「賒帳」稱為「**應收帳款**」，兩者的意思一樣。不同之處在於，應收帳款為了證明信用，不只是口頭約定，還要提供契約或帳單這類有法律依據的書面文件（有些酒館也會採取簽契約書的方式……）。

應收帳款是指本業的賒帳交易，回收貨款時可以商量期限

「**應收帳款**」這個名詞在日常生活中並不常見，但如果把字拆開來看，就比較容易理解。

「應」是應該，「收」是回收，「帳款」是金額；換句話說，就是應該回收的金額。

因為是「針對銷售額」，只有本業的商品或服務提供才算是應收帳款。

如果是賣掉公司的車，款項日後才匯進來，這種情況稱為**未收帳款**，不算應收帳款。應收帳款和未收帳款都是未來可以收到錢的權利，不同之處只在於是否為本業而已。

商業夥伴因為是老客戶，通常會持續進行交易，也有企業無法信任自營作業者，不肯賒帳交易。我以前也做過自營作業者，當時因為被拒絕過好幾次而感到相當懊惱。

一般來說，雙方會事先約定好每個月的結帳日和付款日才簽訂契約。常見的方式有月底結算、下個月底支付（例如4月30日結算，5月31日支付）、15日結算、當月25日支付（例如4月15日結算，4月25日支付）等。

從結算日到付款日的這段時間稱為「支付期限」，前者的支付期限為60天，後者為10天。

考慮到資金週轉問題，支付期限較短，對賣方較有利，較長對買方較有利。

只要收回應收帳款，作為權利的應收帳款就會減少，作為金錢的存款就會增加。

收到應收帳款的動作叫做「**回收**」。例如上個月底的應收帳款是90萬元，這個月回收了60萬元，所以還剩下30萬元尚未回收。

應收票據是指在本業中收取票據款項的權利，回收貨款時不得商量期限

應收票據是指對銷售商品或提供服務而收取票據款項之權利。由於是未來可以收取金錢的權利，因此屬於資產。只要票據到期，就能從金融機構收到款項。

應收帳款和應收票據都是收取金錢的權利，所以稱為金錢債權；另外，由於是針對本業銷售額的權利，因此也稱為銷售債權。

應收票據分為期票和匯票。

期票是指約定在一定日期、一定地點支付票據款項的證券，由支付貨款的一方（發票人）向收取貨款的一方（收款人）發行。付款人（＝發票人）只要發行就完成了支付手續，收款人在到期日就能夠在金融機構兌換成現金。

期票不是會計科目。

收款人記錄在帳簿上或製作資產負債表時，都是使用「應收票據」。

付款人因為將來有支付金錢的義務，所以屬於負債，記錄在帳簿上或製作資產負債表時也不是用期票，而是寫作「應付票據」。

「應收帳款」和「應收票據」 有何區別？

　　無論是應收帳款還是應收票據，共通點都是基於銷售這項本業所產生的權利。

　　那麼，兩者到底有什麼不同呢？

　　應收帳款是根據帳單、合約等書面形式的約定，而應收票據則是根據票據法這項法律而成立。

　　例如，付款人在到期日之前沒有準備好資金。如果是賒帳交易，還可以拜託對方說：「非常抱歉！後天就能入帳，請您再寬限兩天！」當然，對方是否答應另當別論，但因為是雙方之間的協商，有機會可以得到諒解。如果是長期合作的對象，只要提前幾天通知對方，大部分都能獲得諒解。

　　另一方面，票據交易如果銀行帳戶在到期日那天沒有足夠的資金，就會無法扣款，這種情況稱為拒付。

　　當拒付發生時，銀行會製作拒付通知書，提交給票據交換所。票據交換所會通知全國銀行協會，讓加入票據交換所的所有金融機構都得知發生拒付的事實。

　　這會牽涉到信用問題，以後便很難獲得新的或追加的貸款，之後的交易中止，好一點還能用現金交易，資金週轉將變得越來越困難。

　　如果在6個月內發生第二次拒付，就會遭到「停止交易處分」。賒帳雖然也會失去信用，但嚴重程度根本和票據拒付不能相提並論。

　　應收帳款和應收票據都是金錢債權，這一點是共通的。

　　若能順利全額回收的話就沒問題，但跟現金交易不同的是，回收款項需要一段時間。

　　也有客戶倒閉而無法回收債權的風險，甚至有可能造成連鎖倒閉。身為經營者，對於影響公司資金週轉的債權回收必須謹慎以對。

「應付帳款」和「其他應付款」
有何區別？

這次讓我們換個角度，站在買方的立場思考一下。

假設我們是買方，所以是支付金錢、購買商品和接受服務的一方。

在會計上，將來必須償還的義務是「負債」。日常生活中也有負債。

例如實現購屋的夢想，但幾乎很少有人會用現金一次付清。

申請房屋貸款，就相當於在購屋的同時進行貸款。**在會計上，隨著資產增加，負債也增加了。**

按照計劃還錢的機制，就是貸款償還。不只是房子，汽車、孩子的教育費用等，透過貸款消費是很常見的一件事。

隨著無現金化的發展，用信用卡購物的情況也越來越多，儘管不像房貸那樣需要長期還款，但同樣都是事後付款。

這個月刷卡消費或搭乘計程車的費用，會在下個月的指定日期從銀行存款中扣除；換言之，使用信用卡的人是在不知不覺中（當然也有人知道）背了負債。

試著製作自己的資產負債表，也許會感到很有趣（或者可怕）。

公司每天都會進行各式各樣的交易。

先接受商品或服務，之後再付款的交易頻繁發生。

下面就讓我們試著整理一下「**應付帳款**」和「**其他應付款**」這兩種用於事後付款的會計科目吧。

應付帳款是指與本業（進貨）有關而產生的債務

在應收帳款項目中也有提過，約定日後收取（支付）商品或服務費用的交易稱為賒帳交易。

應付帳款是在以銷售為目的而進貨商品，或者為了製造商品而採購材料的時候，所使用與「進貨」相關的會計科目。

分錄為「進貨 ×× ／ 應付帳款 ××」。

除了結算或變更為應付票據之外，不使用應付帳款這個會計科目。

對方的分錄為「應收帳款 ×× ／ 銷貨收入 ××」。

與進貨相關而產生的債務叫做**進貨債務**。

進貨本業的商品，開出期票支付後，使用應付票據科目來記錄。跟應付帳款一樣，應付票據也是進貨債務。

應付帳款是根據帳單、合約等書面形式的約定，而應付票據則是根據票據法這項法律而存在。

如前所述，應收帳款和應收票據都是收取金錢的權利，所以稱為金錢債權。應付帳款和應付票據都是支付金錢的義務，所以也稱為**金錢債務**。

雖然應付帳款是事後付款，但對方不會一直放著商品買賣所產生的債權不管。

基本上都是等到下個月或下下個月進行支付。因為大部分的契約都是在月底結算時寄送帳單，於下個月底支付，所以在資產負債表中被歸類為流動負債。

其他應付款是指與非本業相關而產生的債務

應付帳款是進貨債務，也就是為了本業而賒帳進貨商品時的會計科目，但除了本業之外，還有其他事後付款的交易。其他應付款就是用於進貨債務以外的事後付款的會計科目。

顧名思義，這個會計科目就是「其他尚未支付的帳款」。非本業的未付款，例如分期購買固定資產的情況，購買土地、建築物、車輛等固定資產時，雖然會在取得的時候認列為資產，但尚未支付的金額就是其他應付款。

假如購入1億元的建築物，只付了1,000萬元，剩下的9,000萬元按照合約，每月分期償還150萬元，那麼這9,000萬元就是其他應付款。

如果委託同一家貨運業者，每月多次出貨或配送，同樣也是如此。不是每次出貨就付錢給貨運業者，而是在月底開出一整月的支付帳單，於次月10日匯款。

每次出貨時，都會認列出貨費或運費等費用，對方的會計科目則是認列其他應付款。

所得稅或消費稅這些稅金是在結算日當天認列，但由於是在兩個月後付款，因此在付款完成之前是其他應付款。

一年內支付的稱為其他應付款，超過一年支付的稱為長期其他應付款。

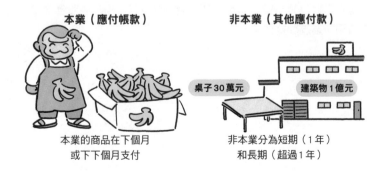

本業（應付帳款）

本業的商品在下個月
或下下個月支付

非本業（其他應付款）

桌子30萬元　　　建築物1億元

非本業分為短期（1年）
和長期（超過1年）

「應付帳款」和「其他應付款」
有何區別？

兩者都是負債，同樣都有日後支付的義務。

唯一的不同之處在於，應付帳款只用於本業，而其他應付款用於非本業的地方。

資產負債表上的應付帳款只記錄在流動負債中，一年內償還的其他應付款記錄在其他應付款科目中的流動負債，超過一年的其他應付款則記錄在長期其他應付款科目中的固定負債。

「應收帳款」和「其他應收款」也是同樣的道理。

應收帳款用於本業的未回收款項，其他應收款用於非本業的未回收款項。

以前叫做「未收帳款」，最近越來越常稱為「其他應收款」，要用哪種名稱都可以。

另外，本業的票據交易是用「應收票據」和「應付票據」來記錄，非本業的票據交易則以「營業外應收票據」和「營業外應付票據」來記錄。

會計科目	用途	會計科目
權利（資產）		義務（負債）
應收帳款	商品買賣的賒帳交易	應付帳款
其他應收款	商品買賣以外	其他應付款
應收票據	商品買賣的票據交易	應付票據
營業外應收票據	商品買賣以外	營業外應付票據

公司之間通常都是採取「賒帳」交易。

甚至可以說，用現金交易商品的情況比較少。

客戶的資產負債表中，記載於「負債科目」的應付票據、應付帳款、其他應付款、營業外應付票據等項目到底是什麼債務呢？想過這件事情的人，看到這裡應該就明白了吧。

都是先付款，
差別在哪？

「預付款項」和「預付費用」
有何區別？

這次要談尚未收到商品或提供服務，卻事先付款的情況。

假設你去書店購買公司需要的書，遺憾的是沒有找到想要的書，於是便委託店員幫忙訂購。站在書店的立場，這是昂貴的專業書籍，就算訂購的書送來，除了你以外也不太可能有人會買，為了確定你會購買，書店決定提前收取費用。

從你的立場來看，儘管還沒拿到書這個商品，但已經先付了錢，或者先付一部分金額，剩下的款項等拿到商品的時候再支付。

再換成另一個例子。假設你在找工作需要的辦公室，後來找到一間不錯的房子，馬上簽訂租賃契約，決定從下個月1號開始遷入。在支付押金、酬金、仲介手續費的同時，也順便付清下個月的房租。

站在你的角度來看，雖然辦公室尚未使用，但已經提前支付下個月的房租。之後也是一樣，契約上明定在每個月25號之前要支付下個月的房租。

火災保險也是在入住之前簽約，一次付清從入住日起的兩年保險費。儘管尚未享受到保險這項服務，但已經提前支付未來兩年的保險服務費用。

有書籍費、辦公室房租、保險費等各式各樣的預付款，卻有兩種會計處理方式，究竟有什麼不同呢？

預付款項是指接受暫時性的服務時
先行支付的金錢

預付款是指在購買商品或接受暫時性的服務時，事先支付的費用。

因為已經提前付款，擁有收取商品等權利。由於是金錢、物品、權利中的權利，因此屬於資產。

在前面的例子中，在購買書籍之前已經支付全部（一部分）的費用，這就是使用預付款項科目的情況。

預先支付部分款項，這個費用稱為訂金。訂金有時也稱為預付款，但在會計上都是使用「預付款項」這個會計科目。

一般商品交易

公司

客戶

| 進貨 | 5,000 | 現金 | 5,000 |

預付款項…在收到商品之前事先支付款項

那麼我就去調商品過來

| 預付款項 | 1,000 | 現金 | 1,000 |

交付商品時

這是剩下的4000元

| 進貨 | 5,000 | 預付款項 | 1,000 |
| | | 現金 | 4,000 |

支付 5,000 元收取商品這件事情沒有改變

一般交易：	進貨	5,000	現金	5,000
有預付款項的情況：	預付款項 ~~1,000~~		現金	1,000
	進貨	5,000	預付款項 ~~1,000~~	
			現金	4,000

結果都一樣!!

預付費用是指接受暫時性的服務時先行支付的金錢

預付費用是為了繼續享受服務而預先支付的金額。

因為已經提前付款，擁有接受這項服務的權利。

由於是金錢、物品、權利中的權利，因此和預付款項一樣屬於資產。

在上述例子中，像是租用辦公室或支付保險費這類持續性的服務時，就會用到預付費用這項會計科目。

房租是預付一個月，保險費則是預付兩年。綜上所述，短期或長期的服務，有時會需要提前支付，租用月租停車場時也是一樣。

必須是持續性的服務才會使用預付費用的會計科目。

如果是參加一次性的研討會，就使用「預付款項」。

反之，如果是參加持續學習6個月的課程，就使用「預付費用」。

此外，由於是持續性的服務，因此在結算時必須將本期和下期的費用分開。

例如，在12月1日支付了一年的保險費12萬元。

如果結算月是3月31日的話，那麼12月到3月的保險費就是本期產生的費用，而4月到11月這8個月的保險費是下期產生的費用。明明是下期產生的費用，卻算在本期的費用內，這樣很奇怪吧。

因此，下期的費用便以預付費用這項資產結轉到下期，只認列本期的費用。

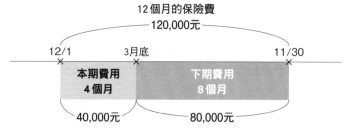

12/1 支付的保險費 120,000 元中，
本期費用 40,000 元（4 個月）認列費用。
下期費用 80,000 元（8 個月）
會在結算時認列資產，於下期從資產轉為費用。

　雖然有「費用」兩個字，但可別誤以為預付**費用**是費用科目，它屬於「不是現在的費用，而是在尚未接受服務之前，已經支付的費用，我們有權利之後接受這項服務」這類資產的會計科目。

「預付款項」和「預付費用」
有何區別？

兩者都是預先支付時使用的資產科目。

預付款項是在購買商品或接受暫時性的服務之前使用，為暫時性的交易。

預付費用是在接受持續性的服務時使用，兩者的差別在於是暫時性的交易還是持續性的交易。

1年以內以預付款項、預付費用，超過1年以長期預付款項、長期預付費用來分別表示。

以3月結算的公司為例，4月1日支付了120,000元現金作為未來3年的火災保險費。

支付保險費（本期費用）、預付費用（流動資產）、長期預付費用（固定資產）分別為4萬元。

預付費用包括預付房租、預付地租、預付利息等。記錄在帳簿時，會按照各個科目來記錄，但在資產負債表上，1年以內的費用全都以「預付費用」來表示，而超過1年的費用，全都以「長期預付費用」來表示。

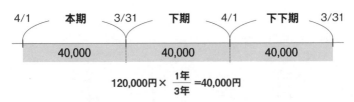

4/1	本期	3/31	下期	4/1	下下期	3/31
	40,000		40,000		40,000	

$$120,000円 \times \frac{1年}{3年} = 40,000円$$

總分類帳

預付房租	
500	

預付地租	
600	

預付利息	
800	

B/S	
⋮	
預付費用　1,900	

06 是「暫時」收取還是支付？

「暫收款」和「暫付款」有何區別？

　　每天的交易都是透過分錄來記帳，但有時候無法馬上得知收到的錢從何而來，或者不確定正確的處理方式，只能先想辦法做處理，日後再進行修正。

　　假設東京總公司的業務員A先生，準備去東北地區出差兩個星期。
　　這兩個星期需要支出交通費、住宿費、伴手禮費等費用，也許還要請客招待。
　　公司估計30萬元應該夠用，於是便將30萬元匯到A先生的銀行帳戶。
　　至於實際上要花多少錢，還是得去過一趟才會知道。A先生出差回來後，需要跟公司結算，如果有剩餘的錢，就要歸還給公司。當然，如果超過30萬元，A先生就要向公司收取差額。
　　出差第二天，A先生拜訪了老客戶之一的仙台商店。
　　仙台商店還欠公司25萬元的應收帳款。
　　A先生一到那裡，對方告訴他：「我正好想給貴公司匯款，既然您來了，就直接交給您吧！」於是A先生便收下裝有25萬元現金的信封。
　　出差才第二天，還有很多地方要跑，A先生怕身上帶著這麼多現金不安全，於是便從仙台商店附近的ATM將25萬元匯回公司。
　　會計部收到從東北地區的ATM匯入公司活期存款帳戶的25萬元，雖然知道是A先生匯來的錢，但詳細情況得等他出差回來後才能確認，所以只好先記錄25萬元的入帳。

後來，完成出差任務的Ａ先生回到公司，在會計部進行結算。

在這個故事中，出現了暫付款和暫收款。這些會在下一頁詳細說明。

暫收款是指暫時將收到的金錢記錄為負債

暫收款是指在不清楚收款或匯款原因時，暫時進行會計處理的科目。

雖然不知道詳細情況，但既然已經入帳，就必須進行會計處理。因為一旦發生交易，按照規定必須調整分錄，並轉記到總分類帳。交易是指資產、負債、淨資產、收入、費用的增減變動，即使不清楚詳細情況，既然存款這個資產有所增加，就必須做分錄。

這裡就會出現問題。分錄是複式簿記，而複式簿記是記錄在左右兩邊。由於資產增加，因此將活期存款記錄在左邊（借方），右邊則……因為不知道活期存款增加的原因，所以沒有相應的會計科目，在弄清楚原因之前，就暫時把收到的款項這個負債的會計科目記錄成「**暫收款**」。

認列銷貨收入時：❶ 應收帳款 25萬 ／ ❸ 銷貨收入 25萬

暫　收　時：❸ 活期存款 25萬 ／ ❷ 暫收款 25萬

查明原因時：❷ 暫收款 25萬 ／ ❶ 應收帳款 25萬

剩下　　　　　 ❸ 活期存款 25萬 ／ ❸ 銷貨收入 25萬

結果就是銷貨收入得以回收。

暫收款雖為負債的會計科目，但不會列入資產負債表中。如果在結算階段有暫收款餘額的話，就一定要進行調查，像剛才回收應收帳款一樣把原因弄個清楚。

如果還是找不出原因，那就當作「不知道哪來的錢」，從暫收款科目換成獲利的雜項收入科目，認列為收入。

暫付款是指將暫時支付的金錢先記錄成資產

暫付款是指大概知道要用在什麼地方，但金額不確定，而暫時處理的會計科目。

例如，今天晚上要招待客戶。已知預計會先去小餐館吃個飯，之後再去俱樂部或者小酒館續攤。招待的內容和地點都大致決定好了，只是現在還不知道要花多少錢。既然無法確定金額，就不能認列費用。

因此，先將大概的金額交給負責招待的人。

因為是暫時付的錢，所以用暫付款這個會計科目來記錄，暫時支付後，隔天再根據發票或帳單的金額來結算。例如：

- 暫付時 ： 暫付款 15萬元／現金15萬元
- 結算時 ： 交際費 14萬元／暫付款 15萬元
   　　　　　　現金1萬元

把左右兩邊的15萬元的暫付款抵消，

認列交際費14萬元／現金14萬元

回到剛才的例子。A先生出差的時候，公司匯了30萬元到他的帳戶。

- 出差時的分錄：暫付款300,000 ／ 活期存款300,000

等到A先生出差回來，才知道一共花了多少錢。例如，計租車費和住宿費花了220,000元，伴手禮費和招待費花了90,000元，還有10,000元是A先生的墊付款。

- 結算時

差旅交通費　220,000　／　暫付款300,000
交際費　　　 90,000　／　現金10,000

左邊的暫付款在結算的時候會移到右邊抵消。

「暫收款」和「暫付款」有何區別？

　　暫收款是指在不清楚收款或匯款原因時，**暫時進行會計處理的科目，屬於負債**。

　　因為結算時會調查清楚原因，所以不會記載在資產負債表上，但如果仍無法弄清原因，就轉為雜項收入（獲利）。暫付款是大概知道用途，卻**不確定金額，所以無法認列費用，是用來暫時處理的會計科目，屬於資產**。

　　兩者都有「暫」這個字，用來表示「暫時」、「臨時」、「權且」的意思，但由於有「收」和「付」的不同，用途完全相反。

　　以「暫」開頭的兩個會計科目，有時會統稱為**暫記科目**。

　　實務上，「暫時處理」的情況出乎意料地多。

　　公司規模擴大，員工隨之增加，對於會計部來說，平時不可能正確掌握所有的交易。因此，需要使用暫記科目暫時進行處理，然後再分別查明原因，逐一消除暫記科目。

我出差回來了

暫付時：

| 暫付款 ~~5萬元~~ | 現金 | 5萬元 |

結算：

| 旅費 | 4萬元 | 暫付款 ~~5萬元~~ |
| 現金 | 1萬元 | |

昨天
招待客戶
有點宿醉

暫付時：

暫付款 ~~10萬元~~ / 現金 10萬元

結算時：

交際費 12萬元 / 暫付款 ~~10萬元~~
現金 2萬元

暫付款不夠 ———

弄清楚
原因了

暫付時：

存款 3萬元 / ~~暫收款 3萬元~~

查明原因：

~~暫收款 3萬元~~ / 應收帳款 3萬元

暫付款和暫收款相抵，就和一般的分錄一樣。

　　雖然也有像A先生一樣回到公司就馬上結算的員工，但也有老是拖拖拉拉不來結算的員工。

　　結算業務本來就很忙，如果暫記科目太多就更麻煩了。

　　為了能順利處理掉暫記科目，不妨把這本書送給員工，讓大家知道會計人員有多麼辛苦吧。

07 ▶ 宜得利都有販售！

「消耗品」和「備品」有何區別？

消耗品和**備品**都是資產，屬於金錢、物品、權利中的物品。備品和消耗品有點類似，是經常被混淆的會計科目。

世界上充斥著各種物品。百元商店出現的時候，對我們的消費行為帶來相當大的衝擊，在文具店、電器行等專賣店，有些商品要花300到500元才能買到，或者像老花眼鏡、禮儀書、領帶等1,000元以上的商品，在百元商店全都只要100元。有些物品只要能發揮最低限度的功能就夠了，這時百元商店就顯得十分重要。百元商店就是這樣抓住消費者的心，所以很快便普及開來。

另一方面，百貨公司則是販賣各種高級商品。我小時候很喜歡逛百貨公司，那裡不只能享受高級家具的香氣，也能看到大螢幕電視、冰箱、洗衣機等家電產品，還有琳瑯滿目的玩具賣場、10元就能玩的電子遊戲區、可以試吃的食品賣場、販賣哈密瓜汽水的餐廳……一樓到屋頂都讓我玩得流連忘返。

我在小學六年級時曾看過喬治·安德魯·羅梅羅導演執導的電影《活人生吃（英語：Dawn of the Dead）》，被逼到走投無路的主角們逃進百貨公司，過著肆意妄為的生活。比起對僵屍的恐懼，我更羨慕主角們過的生活，真是奇怪的小孩。因為實在太喜歡百貨公司了，當年找工作時，我還曾經去過四家百貨公司面試。

百元商店有很多消耗品，百貨公司有很多備品。在會計中，「消耗品」和「備品」的區別與價格有關。

消耗品是指不到10萬元 就能買到的資產

我們在上一頁提到百元商店和百貨公司。會計上的消耗品是指購置成本不到10萬元或者耐用年限不到一年的物品。

陳列百元商品的百元商店，裡頭賣的只有消耗品。工作上使用的消耗品，有鉛筆、原子筆、剪刀、膠水、影印紙、資料夾等各式各樣的東西。

那麼，價格在10萬元以上，但使用年限不滿一年的物品有哪些呢？雖然不多，但中古品，尤其是中古電腦，有時也會符合這個條件，所以我猜才會有這樣的規定。

每天在公司使用的小東西都是消耗品。除了文具之外，名片、電池、燈泡、滑鼠、連接電腦等設備的線材、洗滌劑、衛生紙等也都是消耗品，可以想像這些東西都消耗得很快吧？沒有實體形狀的電腦軟體授權也屬於消耗品。

消耗品這個詞在日常生活中很常聽到，但會計上所涵蓋的範圍相當廣泛。

公司在結算日的時候都要盤點庫存。為什麼要盤點庫存呢？因為會計上有一項名叫**配比原則（Matching principle）**的規則。例如，如果賣出10件商品，就要將10件商品認列費用。假設是成本100元，售價150元的商品，在會計上，購買時就會認列費用，所以購買14件商品，就要認列1,400元的費用，如果賣出其中10個，就將1,500元認列收入；這樣算下來，利潤只有100元（1,500元－1,400元），這很奇怪吧？明明只有10個商品認列收入，卻把14個商品都認列成費用，這樣不是違反配比原則嗎？因此，在結算日要現場盤點庫存，把沒有賣出去的4個商品從費用中扣除，扣除後就是1,500元－1,000元＝400元，可以認列正確的利潤。盤點庫存不僅是為了掌握商品的庫存情況，也是為了掌握消耗品的未使用部分。

備品是指要花10萬元以上購買的資產

　　會計上的備品是指購置成本在10萬元以上，且耐用年限為1年以上的物品。

　　這些物品明顯比消耗品還要昂貴，所以很容易想像吧。

　　會議室使用的高級桌椅、接待設備、電腦、書架、大型螢幕、影印機等都屬於備品。

　　書架和商品陳列架通常也被當成備品，但如果購置成本不到10萬元，就會歸類為消耗品。

　　電腦、螢幕這類電器設備的價格基本上都在10萬元以上，但近年來低價的產品越來越普及，所以有時也會歸類為消耗品。

　　在宜得利買的掛鐘或毛巾都屬於消耗品。

　　反之，10萬元以上的接待設備或會議桌屬於備品。

▶ 修繕費和資本支出的區別

假設修理備品這類有形固定資產。

在會計上可以分為兩種，一種是認列修繕費這項費用，另一種是增加包括有形固定資產的購置成本的資產價值。

修理有形固定資產的部分損壞，將其恢復原狀，這時就屬於修繕費。

另一方面，如果是因為改造或大規模修繕，而提高有形固定資產的價值，或者延長使用期限，這時就作為資本支出認列為資產。例如，辦公室的門把需要修理，窗戶玻璃破裂需要更換，這些是恢復原狀，屬於修繕費。

反之，假設把一層樓的辦公室改建成兩層樓，由於建築物的價值增加，因此認列為資產。

「消耗品」和「備品」有何區別？

消耗品和備品的區別是根據購置成本和使用年限來劃分。

消耗品是購置成本不滿10萬元，或者耐用年限不滿一年的物品。

備品是購置成本超過10萬元，且耐用年限超過一年的物品。

備品超過10萬元，但在計算稅金的時候，有個部分比較難以理解，那就是折舊。備品的價值會隨著時間經過而逐漸減少，每一種備品都有規定的使用年限，根據年限來計算折舊費，不過也有一些例外的規定。

對中小企業有條件限制的特例。

※折舊的說明在155頁，請先看完後再來確認以下的特例。

1．一括償却資產

購置成本在10萬元以上未滿20萬元的固定資產，不進行個別的折舊，而是從使用的那一年開始分成三年，每年折舊三分之一。

2．少額折舊資產

一定的中小企業等取得的30萬元以下的固定資產，在一定的條件下，可以在使用後的那一年全額折舊。

採用有條件的特例，可以認列較多的費用，減少該會計期間的利潤（收入－費用＝利潤，所以費用越多利潤越少）。利潤一旦減少，繳納的稅額也會隨之減少。

一般而言，我們只要以10萬元為界限來判斷是消耗品或備品就可以了。

08 ▶ 消耗品最終會轉換成消耗品費

「消耗品」和「消耗品費」有何區別？

繼續介紹消耗品，上一節是介紹與備品的區別，本節說明與**消耗品費**的區別。

消耗品是辦公用品、名片、電池這類每天在公司使用的小東西。

另一方面，備品是指車輛、建築物、機器等，這些都屬於有形固定資產。

每次期末會根據固定資產的價值減少部分計算折舊，認列費用（參照155頁）。按照規定的耐用年限（可以承受使用的年數），分成幾年轉換成費用，所以又稱為**費用性資產**。即使同樣是建築物，耐用年限也會根據結構（木造、磚瓦、鋼骨等）、面積、用途而異。例如，作為辦公室的堅固金屬建築物是38年，作為廠房的木造建築物是15年，規定得非常詳細。如果是備品的話，時間短則2年，長的甚至到20年。

那麼，消耗品又是如何計算的呢？消耗品的耐用年限不到一年，既然耐用年限不到一年，那麼就不必進行折舊，而是全額認列當期的費用，加上不到10萬元，所以費用很少。這樣做是避免花太多的時間和精力去計算，就算將全部金額當成購買期間的費用也沒有問題。

如果不需要折舊，感覺似乎也能理解「消耗品費」這個會計科目，不過「消耗品」和「消耗品費」有什麼區別呢？

消耗品是指在結算期末
尚未使用且不到10萬元的物品

消耗品相當於金錢、物品、權利中的物品,是屬於資產的會計科目。

會計科目的名稱可以根據公司的實際情況,在一定程度上自由決定。有些公司對於「消耗品」會按照「辦公用品」或「雜貨」、「文具」等會計科目來做分錄。

我們公司也是將辦公用品記錄為「辦公用品」,電鑽或錘子等工具記錄為「消耗品」。

順便一提,我有個稅理士朋友看到聘他當顧問的公司的分錄帳時,得知自己的顧問費被歸類為「雜費」,心裡感覺有點受傷(聽說後來已經改成支付顧問費)。

會計軟體也是一樣,最初設定時有一些預設的會計科目,但可以自由增加或修改名稱。

此外,有些公司會將預付款分為內部預付款和外部預付款,或者分為董事預付款和員工預付款進行管理,也有些公司會將預收款分為所得稅、厚生年金、健康保險、雇用保險等。

預收款

減少	健康保險、厚生年金、雇用保險、源泉所得稅、市町村民稅、社團費、旅行會…
剩餘	

看不出來哪些預收款增加或減少

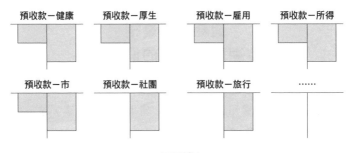

一目了然！

　　這些都是會計負責人根據實際情況來判斷，為了讓日常業務能夠順暢運作而做出的調整。

　　即使每天是以「文具」或「雜貨」來記錄，在資產負債表上也要按照規定記錄成「消耗品」。

　　假設在文具店購買10支公司要用的原子筆，每支100元。

　　總金額是1,000元。

　　到了結算日進行盤點的時候，發現有3支還沒使用。也就是說，未使用的原子筆費用是300元。

　　這時，資產負債表上記載的「消耗品」就是300元。

　　另外7支仍在使用，所以這700元沒有全部用完，但我們沒必要在意這些細節，就當作已經用掉了，認列為費用。

消耗品費是指
本期開始使用的消耗品

　　消耗品費是屬於費用的會計科目，當消耗品（資產）被消耗掉時，就認列為「費用」。

　　因為是消耗品，所以會消失不見。

　　在日常生活中，也有像牙刷、乾電池、文具這類用完就不能再用，只得分類後丟到垃圾桶裡的東西。

　　既然會消失不見，那就不能稱之為有形固定資產。

　　消耗品在這一點上，與車輛、建築物、備品等固定資產不同。

　　固定資產是透過折舊方式，分成好幾年逐漸轉換成費用。

　　另一方面，如果是尚未用過的消耗品，就作為消耗品科目認列為資產，如果正在使用，就作為消耗品費認列為費用。

　　有兩種方法可以處理消耗品，一種是購買時就作為「消耗品費」認列為費用，結算時再把還沒用掉的部分作為「消耗品」認列為資產，另一種是購買時就作為「消耗品」認列為資產，結算時再把用掉的部分作為「消耗品費」認列為費用。

　　剛才的例子中，我們在文具店購買了10支公司要用的原子筆，每支100元，總金額是1,000元。

　　其中，到結算日為止用掉7支共700元的筆，就作為消耗品費認列700元的費用，而到結算日還沒用掉的3支共300元的筆，就作為消耗品認列為資產。

(1) 購買消耗品時按消耗品費處理的方法

購買時	消耗品費	1,000 /	現金	1,000
結算時	消耗品	300 /	消耗品費	300

消耗品費（費用）　　　　　消耗品（資產）

1,000	300
	} 700

300	} 300

(2) 購買消耗品時按消耗品處理的方法

購買時	消耗品	1,000 /	現金	1,000
結算時	消耗品費	700 /	消耗品	700

消耗品費（費用）　　　　　消耗品（資產）

700	} 700

1,000	700
	} 300

結果都一樣!!

無論採用哪種處理方法，結果都一樣。

「消耗品」和「消耗品費」有何區別？

消耗品是「資產」，消耗品費是「費用」。

與消耗品類似的東西有郵票和印花稅票。

郵票只要貼在明信片或信封上寄出，就算是**通訊費**，因為它和電話一樣是作為通訊手段的消費。

印花稅票是指在製作契約或收據等課稅文件時，產生繳納印花稅的義務，因此要根據書面金額貼上相應的印花稅票，使用之後就變成租稅公課這項費用科目。

郵票和印花稅票都是在使用之後變成費用，沒使用的話就是金錢、物品、權利中的物品。未使用的部分會在結算時認列為**用品**這項資產科目。

話說回來，為什麼要分為資產和費用呢？

公司是根據利潤來決定繳稅金額，以及股東的配股金額。

費用減少利潤就會增加，費用增加利潤就會減少。

例）1,000（收入）－300（費用）＝700（利潤）

1,000（收入）－600（費用）＝400（利潤）

雖然沒有使用，但如果把文具、郵票、印花稅票都認列為費用的話，費用就會增加，造成利潤減少；這樣一來，本期的稅金就會減少，對股東也沒好處，所以才需要將本期的費用和下期的費用分開計算。如果在結算日當天召集全體員工，下令「今天是盤點的日子！請大家從抽屜裡把文具全拿出來，把使用過和沒使用的文具分開」然後將30支原子筆中還沒用過的10支列為資產，20支列為費用，橡皮擦用掉十分之二，所以20％列為費用，80％列為資產，這樣很麻煩吧。不過還請大家放心，會計中有一種特別的規則叫做「重要性原則」，允許對不重要的東西用簡單的方式處理。金額微不足道，而且很快就會用掉，沒必要花時間做那麼麻煩的處理，所以全部都認列為費用就可以了，像這種不嚴謹的處理方式在會計中受到認可。當然，因為想讓利潤增加而故意在期末購買大量的消耗品、印花稅票、郵票，這樣的做法並不被允許。

CHAPTER 3
09▶
你有抱怨過吧！
為什麼實領薪資這麼少！

「董事報酬」和「薪資」
有何區別？

從前每到發薪日，社長就會親自把裝有現金和薪資明細的信封交到員工手上，現在一般的做法是匯入員工的銀行帳戶後只給薪資明細表，有些公司甚至連薪資明細表都是以電子資料傳送。

薪資明細上有不少需要填寫數字的欄位。

每家公司的欄位名稱都有所不同，除了基本薪資之外，還有加班費、通勤津貼、家庭津貼、住宅津貼、證照津貼等各種津貼。

這些津貼都會加上基本薪資一併支付。

薪資明細裡也有扣除欄位，裡面寫著健康保險費、厚生年金費、雇用保險費等從應繳稅額中扣除的所得稅。

此外，向公司借錢的話就會有還款，扣除欄裡還有員工持股會、旅遊基金等需要從薪水中扣除的項目。

然後，終於、好不容易、費盡千辛萬苦，總算看到總支付金額一欄，這裡記載著匯入的實領金額。

包括我在內，一定有人也曾抱怨過：「竟然從總支付金額裡扣掉這麼多～」吧。

想當年大家還是菜鳥的時候，應該有和學生時代的朋友一起去喝一杯，彼此這麼抱怨：「山本的薪水有多少？」、「薪水？你是問實領薪資嗎？那玩意低得可憐好嗎？」

不好意思。勾起大家當年不好的回憶了。

薪資明細

大神源太　先生

○○公司

基本薪資	加班津貼	深夜津貼	假日出勤	家庭津貼	證照津貼		支付額
280,000	30,000		5,000	10,000	10,000		335,000

健康保險費	厚生年金費	雇用保險費	社保合計	課稅對象額	所得稅	住民稅	扣除額
20,000	31,000	1,400	52,400	282,600	7,700	15,000	

社團費	旅遊基金	財形※					總支付金額
20,000	20,000	30,000					189,900

（※日本勞工根據財形制度進行的儲蓄）

　　回到原來的話題，對於發薪日支付的薪資，**董事和員工必須分開處理。**

　　董事受到公司法這個法律嚴格規範。

　　被列為董事的人包括董事、執行長、會計顧問、監察人。

　　根據這些內容，讓我們看看**董事報酬**和薪資的區別。

董事報酬是支付給董事的報酬

董事報酬是指發給董事、監察人這類**幹部**的**報酬**。如果是自營企業的高階幹部，可以自己決定自己的報酬，也可以讓親屬擔任董事，支付其不符業務內容的過高董事報酬，這聽起來很像是電視劇裡的情節吧。

臨近結算時，若公司可能有許多獲利，這時就可以考慮在結算月多付一些董事報酬，以減少公司要繳的稅金。不過，為了防止出現這種情況，稅務上設有董事報酬的規定。

在計算公司繳納的所得稅等稅金時，若想讓董事報酬被認可為經費，必須滿足以下兩個條件。

1.定期同額薪資

原則上指一年內每月支付固定金額的董事報酬。因為報酬是固定的，所以不能隨意調高或降低，也不能用加班費或獎金等名目進行調整，拿到的金額不變。

2.事前確定申報薪資

原則上，發給董事的獎金不能視為損失（經費），但如果事先向稅務署申報在規定時間支付一定的金額，這些獎金就能獲得認可。不過，申報的金額和日期不能變更。

舉例來說，12月結算的公司，從1月到10月分別支付50萬元給董事，11月和12月支付80萬元，那麼在11月和12月支付的80萬元中，有30萬元（80萬元－50萬元）不屬於定期同額薪資。

因此，30萬元×2個月的60萬元無法認定為損失（經費），在計算所得稅等稅金時，要把這60萬元加回去進行稅務調整。簡單來說，60萬元不被認定為費用，在計算稅金時，利潤加上60萬元的金額才是稅額計算的對象。

薪資是支付給員工的勞動對價

　　薪資可以說是支付給員工（與公司有雇用關係的人）的勞動對價。一般而言，月薪制是在每月發薪日以銀行轉帳的方式支付一個月的薪資，正確來說不是「薪資」而是「待遇」，從企業支付的金額中扣除加班費和各種津貼等才是「**薪資**」；換言之，正常工作時間的報酬等於「基本薪資」。

　　對於有加班費和福利津貼的人來說，公司在發薪日支付的錢是「待遇」，只有其中的基本薪資才叫做「薪資」。

　　待遇的範圍比薪資更廣，加班費、津貼、獎金等從公司拿到的報酬都屬於「待遇」。

　　另外還要注意一點，待遇未必只限金錢。

　　待遇原則上是用現金支付，但有時也會根據勞動協議而允許用實物支付。

　　例如，製造商發放自家公司的產品作為獎賞等情況。這種情況下，支付自家公司的產品被視為從公司收到的報酬，算是一種「待遇」。

　　支付的物品稱為「**實物薪資**」，要按照換算成金錢的金額繳納所得稅。

　　只在公司內部的部分部門發放的紀念品也要繳稅。

　　如果只給績效優秀的部門發放紀念品，那麼購買紀念品的金額就會換算成待遇，可能需要繳納所得稅。

　　不過，資深員工的紀念品和創業紀念品不屬於課稅對象。

　　如果公司發放了某些物品，薪資明細表上會記載該物品是否為課稅對象。當收到紀念品的時候，最好檢查一下它是否為課稅對象。

「董事報酬」和「薪資」有何區別？

　　董事報酬是支付給董事或監察人等高級幹部的報酬，而薪資可說是付給員工（與公司有雇用關係的人）的勞動對價。

　　薪資是指基本薪資，待遇是加上各種津貼的金額。

　　董事報酬的總額需要經過股東大會批准。董事報酬不僅僅是支付給董事的薪資，而是受到嚴格管理的重要事項。

　　稅務上也有法律規定，企業不得透過操作利潤來減少所得稅額。

　　對公司來說，這是一筆比支付給董事的金額明細更具有重大意義的費用。

　　薪資明細上除了記載各種津貼的細項之外，還包括預先扣除的社會保險費和勞動保險費等資訊。

　　明細表可以讓我們確認自己繳納了多少稅金和社會保險費，可說是很有幫助的文件。

　　另外，除了「薪資」以外還有獎金。

　　雖然在會計科目上也使用「獎金」，但「獎金」也是會計上「薪資」的一部分。

▶ 監察人和會計顧問有何區別？

所得稅法上規定的董事，包括執行董事、監察人、會計顧問等。

監察人的主要職責是監督和調查董事的職務是否存在違法行為。

會計顧問的職責是與董事一起製作資產負債表和損益表等。會計顧問並非人人都可以擔任，僅限於稅理士、註冊會計師、稅理士法人、監察法人其中之一。

10 ▶ 從失戀假到照顧老人……

「福利厚生費」和「法定福利費」 有何區別？

　　本節要介紹的是跟公司員工有關的費用。公司都希望獲得優秀的人才，向外界宣傳「我們公司具有這些魅力」，這樣比較容易吸引優秀的人才加入。

　　組織是由人所組成，留住和吸引人才是企業非常重要的經營課題。日本從前有終身雇用、年功序列的觀念，一旦進入公司，就理所當然地一直在這家公司工作到退休，但現在時代不同了。

　　對於上班族和求職的人來說，選擇什麼樣的公司工作是人生中的一件大事，所以大家都會根據自己的價值觀，尋找適合的工作環境，這些資訊根本不能從資產負債表或損益表上看出來。

　　公司的銷售額提升，或者擁有大量淨資產，這些都可以作為判斷公司穩定性的參考，但對於工作的人來說，這些並不足以成為選擇公司的決定性因素。

　　另外，隨著社會形勢，兼顧育兒和照顧老人，女性和年紀大的人參與勞動，遠端工作和副業的解禁，促進員工健康的健康管理等，都開始成為受到關注的議題。

　　無論公司的前景再怎麼光明，薪水給得再高，如果是公認的黑心企業，給人留下惡劣的勞動環境形象，就無法吸引人才。現在很常看到企業為了留住和吸引人才、提升公司形象所做的宣傳或廣告。在這樣的背景下，讓我們來看看「福利厚生費」和「法定福利費」有什麼不同吧。

福利厚生費是根據公司的
實際情況自願實施的福利制度

福利厚生制度是為了員工及其家屬的福利而實施的措施，為此所花費的費用就稱為「福利厚生費」。區分「福利厚生費」和「法定福利費」的時候，「福利厚生費」是指公司或事業單位自願實施的福利。福利厚生費包括下列幾項：

●住宅相關福利

對員工來說，居住費用是長期的一大負擔，如果具備以低於市價的租金住在公司宿舍的制度就很吸引人。有些公司會以支付現金的方式提供住宅津貼、房租津貼、購屋補助等，有些公司則是採取打造公司宿舍或單身宿舍等方式來提供這方面的福利。

●飲食相關福利

經營員工餐廳、午餐費補助、辦公室內免費提供便當或飲料等。提供員工在工作中所需的飲食補助有助於員工保持健康、提高工作幹勁，對員工的健康管理也可以提升企業形象。

●健康醫療相關福利

包括法定以外的健康檢查、使用醫療設施、綜合體檢或流感預防接種的費用補助、健身房費用補助、藥品購買費用補助等。

●婚喪喜慶相關福利

結婚禮金、生育禮金、傷病慰問金、弔唁金等，各種婚喪喜慶時由公司支付的賀禮或慰問金。

●文化娛樂相關福利

包括以促進員工之間的感情和提振士氣為目的的聚餐費補助、部門活動的實施或活動費用補助等。

透過導入公司獨特的制度（孝親支援制度、學習假、失戀假、腳踏車通勤制度等），對於徵才活動和形成公司特有風氣很有幫助，可以吸引認同企業文化的人才前來。

法定福利費是法律規定
強制實施的福利制度

　　法定福利費是公司或事業單位依照法律義務實施的福利相關費用，也就是社會保險費的繳納，具體而言是指雇主負擔社會保險費的部分。由於是法律規定，種類也有限制，項目如下：

　　社會保險……是健康保險、介護保險、厚生年金保險的合稱。

●健康保險

　　原則上是勞資各付一半，事業單位負擔一半金額。

　　在健康保險組合中，可以根據規章增加雇主負擔的部分。

●介護保險

　　根據員工的薪資計算，勞資各付一半，雇主負擔一半金額。只適用於40歲以上的員工。

●厚生年金保險

　　勞資各付一半，事業單位負擔一半金額。

　　勞動保險……是勞災保險和就業保險的合稱。

●勞災保險

　　事業單位全額負擔。

●就業保險

　　失業等給付所需的費用由勞資各付一半，就業穩定事業及能力開發事業所需的費用由事業單位全額承擔。

　　廣義上，法定福利費也包含在福利厚生費中，但會計上要區分管理。另外，公司負擔的部分是法定福利費，員工本人負擔的部分是從薪資中預先扣除，這部分的金額也只是交給公司保管，不屬於法定福利費，只是暫時由公司代為保管，再統一繳納給政府。

「福利厚生費」和「法定福利費」有何區別？

福利厚生費是根據公司的實際情況自願實施的福利制度，可以說是為了員工及其家屬的福利而實施的措施，因而產生的費用。

法定福利費顧名思義，是法律規定的福利制度，只要雇用員工，就有強制實施的義務。廣義上屬於「福利厚生費」，但具體是指法律規定的社會保險費和勞動保險費的公司負擔部分。

在公司工作的人，男女老少各不相同，每個人都有各自的生活。有些人是單身，有些人需要養家糊口，也有人得承擔育兒或照顧老人的責任。活用制度，有時也會對員工的工作幹勁產生正面的影響。

需要注意的是，不要讓員工有不平等的感覺。福利制度是從「勞動改革」和「工作與生活平衡」的角度出發而設立，卻也有少數人沒有因此受惠。

我以前工作的公司，已婚者沒有住宅補貼，但單身者從宿舍到伙食費都能享受優惠待遇，而且宿舍的水電瓦斯都不用錢，室內電話也隨便你打。跟已婚者比起來，單身者的待遇實在好過頭了，也有人因此錯過結婚良機。

本來是公司出於一番好意而實施的制度，卻讓人產生不公平感，反而違背了初衷。

只要注意不要造成不公平感，完善的福利制度不僅可以防止優秀人才流失，對外也可以作為公司的宣傳工具。

不僅能吸引新的員工加入，重視員工的公司形象也會深植人心，使公司更容易獲得信譽。

此外，福利制度也會隨著時代而改變。並不是做出決定就會一直有效。對於管理層來說，定期檢討制度的修改也是經營上的一大課題。

CHAPTER

4

不了解
結算業務！

對公司來說，結算業務是本期集大成的一
大活動。對於會計人員來說，這段期間每
天都忙得分身乏術。

各位覺得為什麼會那麼忙呢？因為要對
日常交易進行修正，內容將在本章詳細介
紹。

例如，固定資產價值的折舊部分計算、銷
貨成本的修正、有價證券的市價評估、帳
簿和實際現金的核對、預付和未付款項的
調整等等，都是在結算時才進行，而且還
要重新檢視 365 天的內容，所以才需要忙
碌好一陣子。

01 ▶ 結算書居然不是財務報表……

「結算書」和「財務報表」有何區別？

每家公司都必須公布的成績單，大致上分為兩種。

一種是將一年的銷售額、利息收入等收入，和進貨、薪資、廣告宣傳費等費用統計起來，將利潤明確呈現出來的損益表。

另一種是將結算日的金錢和物品等資產、貸款等負債、自己準備的資金等淨資產的餘額明確呈現出來的資產負債表。

損益表和資產負債表是所有公司都要報告的文件，此外還有根據用途而製作的成績單。

詳細內容將在下一頁說明，這裡先讓大家有個初步的印象。用對話來表示，感覺就像下面這樣。

經理部的新員工A被部長叫了過去。

部長：「請你幫忙把上期的結算書拿給我過目。」

員工A：「好的，我馬上拿過來給您。全都拿來嗎？」

部長：「哦，你已經知道有哪些了啊？只要把B/S和P/L拿來就行了。」

員工A：「好的，這些是您要的資料。」

把上期的結算書拿過來

全都拿來嗎？

因為是拿給銀行看的，只要拿B/S和P/L就好

結算書是依據稅法規定，
不包含現金流量表

結算書也稱為結算文件，嚴格來說是基於所得稅法和消費稅法的用語，由**稅法**規定。

規定的結算書有以下四種。

①**資產負債表**
②**損益表**
③**股東權益變動表**
④**會計科目明細表**

資產負債表和損益表是主要的結算書（股東權益變動表參照59頁）。

會計科目明細表是將董事報酬、人事費、租金等損益項目，以及現金存款、土地、應付貸款等資產和負債項目等明細如實呈現的明細表。例如，損益表上雖然記載著租金金額，卻沒有說明是向誰租用什麼，花了多少錢，所以要透過會計科目明細表來說明詳細情況。

主要的**資產負債表和損益表**，再加上③④的文件，這些就稱為結算書。

如果要向銀行貸款，去申請融資的時候，負責的行員會說：「請提供三期的結算書讓本行進行審核」。

有時董事也會要求經理部長「拿出上期的結算書」。

像這樣，因為是非常普遍的用語，以至於大多數人在使用的時候都沒有想到這些是基於稅法的名稱。

財務報表是依據金融商品交易法規定，包含現金流量表

財務報表並非結算書所規定的稅法用語。

實際上，它是金融商品交易法、財務報表等規則的法律中所規定的用語。這種稱呼現在已經受到廣泛使用，但原本只限於上市企業使用。

規定的財務報表有以下五種。

①資產負債表
②損益表
③股東權益變動表
④現金流量表
⑤附屬明細表

①②③和「結算書」完全相同，資產負債表和損益表也同樣是主要的財務報表。這個法律從 2007 年開始稱為金融商品交易法，在那之前則稱為證券交易法。顧名思義，它與證券公司的股票交易有很大的關聯。

證券公司所經手的公司稱為上市公司。上市公司有義務向股東和投資人揭露正確的資訊，也有義務製作反映現金增減及其原因的現金流量表等文件。

▶ 上市公司和非上市公司有何區別？

兩者的差別就在於「是否公開發行股票」。上市公司在證券交易所公開發行股票，任何人都可以進行交易；反之，非上市公司沒有公開發行股票，因此不能自由交易。

上市公司的好處是可以廣泛籌措資金，提高公司知名度，比較容易吸引優秀的人才。

反過來看，缺點有哪些呢？或許已經有人猜到了，那就是伴隨著被收購的風險，而且也容易受到股東意見的影響。

「結算書」和「財務報表」有何區別？

結算書和財務報表並非完全不同，讓我們總結一下兩者的不同之處吧。

● 規定的法律

結算書……稅法（所得稅法、消費稅法等）

財務報表……金融商品交易法、財務報表等規則

● 規定的文件

結算書……資產負債表、損益表、股東權益變動表、會計科目明細表

財務報表……資產負債表、損益表、股東權益變動表、現金流量表、附屬明細表

公司法這項法律也規定有義務製作的文件。

那些文件稱為「**計算文件等**」。

被規定為計算文件的文件包括「**資產負債表、損益表、股東權益變動表、個別註記表、附屬明細表**」，其中前三項是共通的。

從這裡可以看出，無論是哪種規定，資產負債表、損益表對於企業的各方利害關係人來說都是重要的報告書。

● 附屬明細表和附屬明細書有何區別？

在財務報表等規則中是「附屬明細表」，在公司法中是「附屬明細書」，只是叫法不同，內容是一樣的。

這是對於資產負債表和損益表的項目，記載重要項目相關明細的文件，例如資本金和資本準備金的增減、固定資產的取得和處理、對子公司的債權明細、資產中設定的擔保權明細等，以更詳細的方式顯示企業的各方利害關係人想知道的資訊。

「3月結算」和「12月結算」
有何區別？

　　對公司來說，「**結算**」是本期的集大成，也是一大事件，這裡讓我們整理一下公司的一整年時間。

　　或許有人認為公司和學校一樣，是以4月到隔年的3月為一個週期（會計期間），但其實不然。以一年為「期」，第一天稱為「期初」，最後一天稱為「期末」。「**期末**」也稱為「**會計期末**」、「**結算日**」或「**資產負債表日（B／S日）**」。因為資產負債表上記載的日期是週期的最後一天，所以才有這種稱法。損益表上必須記載期初到期末的日期。

例）會計期間為4/1～3/31的時候

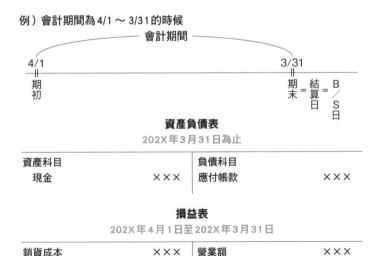

資產負債表
202X年3月31日為止

資產科目		負債科目	
現金	×××	應付帳款	×××

損益表
202X年4月1日至202X年3月31日

| 銷貨成本 | ××× | 營業額 | ××× |

3月結算是大企業最常使用的結算月！
會計期末為3月31日的公司

如果結算日是3月31日，就叫做**3月結算**。

以日本的公司來說，絕大多數都是3月結算，在向稅務署申報的法人中占了約兩成，這麼聽起來或許讓人覺得不多，但資本額超過一億元的公司就占了五成以上。

● 法人的結算期第1名：3月（18.3%），第2名：9月（10.9%），第3名：12月（10.4%）

● 其中資本1億元以上的公司：第1名：3月（52.2%），第2名：12月（17.5%），第3名：9月（6.4%）

資料：國稅廳「第145回國稅廳統計年報令和元年度版」

原因有三個。

一是因為國家或地方政府的會計年度是4月1日到3月31日，對於承接公共機關工作的公司來說，配合政府的會計期間比較合理。

就連100%向公共機關承接建設事業的我們公司，也是在3月結算。另外，下包公司（我個人是不太想用下包這種稱法）也多半會配合我們公司在3月結算，這也導致在3月結算的公司連鎖性地增加。

第二，學校也是以4月到3月為一個年度。

應屆畢業生進入公司和開始工作的時間定在4月，人事評價和調動定在年度末的3月，這樣處理起來才會比較順暢。

第三，法律或稅制的修正多半都是從4月1日開始適用，所以比起期中改變會計處理或公司方針，在適用的同時一塊改變比較順利；此外，期間比較也較為容易，也方便導入會計軟體。

3月結算的公司有規定提交成績單的期限。一般公司是在結算日下下個月的最後一天，也就是5月31日之前，上市企業有寬限期，是在6月30日之前提交。

自營作業者強制在12月結算！
會計期末為12月31日的公司

如果結算日是12月31日，就叫做**12月結算**。對於公司來說，這是僅次於3月、9月的常見結算月。

另一個**必須在12月結算的對象**就是「**自營作業者**」。

自營作業者是指沒有設立公司，以個人名義經營事業的人。

只要向稅務署提交「開業申請書」，申請「以個人名義開始經營事業」，任何人都可以成為自營作業者，也稱為自由工作者。

最近，我服務的公司也開始鼓勵以自營作業者的身分創業或從事副業，這也成為多元化工作方式中的一種選項。

自營作業者包括職棒等職業運動員、稅理士、行政書士等專業人士，以及設計師、作家、漫畫家等各種職業。

只要是以自由身分工作，並且提交開業申請書的人，都可以視為自營作業者。

自營作業者不是公司員工，因此才要向稅務署提交**確定申告書**。確定申告書上計算個人所得稅的依據期間，規定為1月1日到12月31日。

到12月31日……這就表示是12月結算。**自營作業者都是統一採用12月結算**。

每年1月左右開始，大多數的日本人應該都看過「確定申告書的提交期限為3月15日」的招牌或旗幟。

因為自營作業者的數量比公司還多，所以結算最多的月份其實是12月結算。

「3月結算」和「12月結算」
有何區別？

公司可以自行決定結算日。其中3月進行的結算稱為3月結算，12月稱為12月結算。

自營作業者都是統一採用12月結算。

下面再讓我們詳細了解一下結算日的內容。

日本有超過300萬家公司，有些公司是1月結算，也有2月結算的公司。

向生產者或批發商進貨商品，銷售給最終消費者的便利商店或超市等零售業，大多數的公司都是在2月進行結算。其中一個原因在於，年末年初的商戰等旺季過後再進行結算申報，業務效率會比較好。

當聽到「○月結算」的時候，就代表結算日是「○月底」。大部分的公司都是把結算日定在最後一天，所以只要說○月結算就可以了，但也有公司會把結算日定在最後一天以外的日子，比如「○月20日」。

或許有人會感到奇怪，怎麼會在20日結算呢？

這涉及到稍微專業的問題，其實是跟商品的截止日期有關。依照日本的商業習慣，例如5月21日到6月20日進貨的商品，要在6月30日請款，這表示在請款之前會有一段時間差。在日常交易中，這不會造成什麼影響，但對於月底結算的公司來說，每個月結算都必須將21日到月底之間的交貨以賒帳的方式認列，處理起來非常麻煩。

附帶一提，Dydo Drinco公司是1月20日結算，宜得利和思夢樂公司是2月20日結算，象印公司是11月20日結算。

「正式結算」和「中間結算」
有何區別？

請大家以投資人的心態來閱讀本節。

假設你每天都在煩惱接下來該投資哪一家公司。

股票投資簡單來說就是購買公司的股票。對公司來說，別人購買股票就能幫公司籌措資金，換言之，這是一種籌措資金的手段。身為投資人的你，希望自己購買的股票上漲，這樣就能獲利。

如果股票的價格下跌就會虧損，所以在購買股票前要慎重考慮再三，購買股票後也要關心公司的動向，注意是否出現重大變化。

公司的成績單就是考慮是否購買股票的重要資訊。

公司的成績單是在結算的時候製作，如果只是為了繳稅，我認為其實每年一次計算一整年的利潤再申報就可以了。然而，如果投資人一年只能看到一次公司的業績，總會多少有些不安，應該會希望公司能更頻繁地提供資訊。

那麼經營者又是怎麼想的呢？如果要到結算日才能看到一整年的績效，那該如何管理公司？因為每個月都要召開經營會議，決定重要事項，所以也想知道中間的過程吧。

其實結算不只是一年一次。

週結算……每週
月度結算……每月
季度結算……每季（三個月）

等等，根據劃分期間的不同，有好幾種類型。

正式結算是每年一次的
最終成績發表

正式結算是指對本會計期間（1整年）的所有交易適度匯總，最終製作出結算書的程序。

假設是3月底結算的公司，就要在5月底之前製作結算書並申報，隨後在基準日開始的3個月內召開股東大會。

以3月結算為例

因為有這樣的流程，在進行正式結算的時候需要留出充裕的時間來安排時程，也得從股東大會的日期往前推算。

如果能提前預測稅額，就可以有更多的選擇，例如採取節稅對策或準備繳稅資金。

順便一提，消費稅是用暫收消費稅減去暫付消費稅的金額來繳稅。例如，家電專賣店以含稅11萬元的價格進貨冰箱，然後以含稅33萬元的價格賣給顧客。其中，向供貨商暫時支付1萬元的消費稅，從顧客那裡暫時收到3萬元的消費稅。如果只有這筆交易的話，就要繳納其中的差額2萬元。

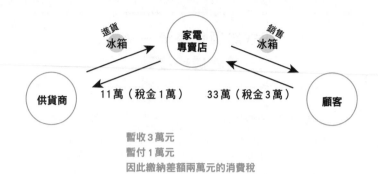

進貨 冰箱 → 家電專賣店 ← 銷售 冰箱

供貨商 ← 11萬（稅金1萬） 家電專賣店 33萬（稅金3萬）→ 顧客

暫收3萬元
暫付1萬元
因此繳納差額兩萬元的消費稅

　　如果繳納金額是2萬元，那就沒有必要提前準備，但如果是收到3億元並支付1億元，就必須繳納2億元的稅。雖然也有中間繳納等方式，但還是必須提前預測並準備好稅金的金額。

　　公司內部通常每個月都會進行月度結算，所以年度結算的正式結算，對於會計人員來說，是一年中第13次的結算業務。
　　正式結算必須透過實地調查來確認資產和負債的內容。
　　例如，帳簿上的現金和保險箱裡的現金是否一致，存摺的餘額和帳簿的餘額是否一致等等，如果到了正式結算才確認一整年的內容可是一項浩大的工程。在月度結算階段確認資產和負債的內容，在日常工作中注意結算，就能減輕正式結算時的作業負擔。

▶ 直接稅和間接稅有何區別？

直接稅是納稅人直接向國家或地方政府繳納的稅金，包括所得稅、法人稅、遺產稅、贈與稅等。
另一方面，以消費稅為代表的間接稅，負擔稅金的人不是直接繳稅，而是透過間接的方式來繳稅。

中間結算是指截至前半年（上半年）的中期成績發表

中間結算是以年度的中期為對象，針對企業活動相關的中間報告而做的結算，上市公司依法有公開中間結算的義務。

其主要目的是為投資人提供有用的投資資訊。

即使不是上市公司，也有一些公司會按照接受融資的金融機構，或者母公司、集團公司的要求來製作報告。

從管理會計的角度來看，了解中期的經營狀況，對於修正銷售額和利潤的軌道是必要的。

中間結算所製作的財務報表，便直接稱為中間財務報表（中間資產負債表、中間損益表、中間現金流量表等）。

中間結算雖然也是結算的一種，但與揭露一整年最終成績的正式結算不同，只是中間的成績。儘管也會計算稅金，但這只不過是半年的預測。會計人員會盡量準確地進行中間結算，但如果遇到複雜的處理時，也允許先用簡便的方法權且處理。

中間結算與正式結算相比，特色是具有一定程度的「寬鬆性」。

「正式結算」和「中間結算」
有何區別？

一年一次的最終成績發表是正式結算。

截至前半年（上半年）的成績發表是中間結算。

有些大公司甚至會每三個月發表一次季度結算，也就是一年公布四次結算。

除了正式結算以外，其他都是中間階段。即使處理有誤，也只要在最終的正式結算修正即可，與正式結算相比，規範較為寬鬆。當然，由於關係到對利害關係人的信用問題，因此不能隨便交差了事。

從管理會計的角度來看，需要在更短的期間內做出經營判斷，因此有不少企業都會採用**月度結算**的方式來檢視每個月的經營狀況。月度結算不會對外發表，因為不必向外界展示，在什麼期間進行結算都可以，就算想每週或每天結算也沒問題。

不過，要是每天都進行結算的話，可能會害得會計人員過勞倒下，而且就算資訊沒有那麼準確，也能做出一定程度的判斷。

因此，通常都是採取每個月進行一次結算的月度結算，以便讓經營者確認一下進度。

如果等到一年結束才回頭重新檢視，結果發現錯誤，要找出哪裡出問題就會是一項艱巨的任務。如果是在接近結算的時候才發現錯誤而導致利潤變動，這對內部管理也會造成很大的麻煩。

最近很多公司都導入了會計軟體，只要每次發生交易都有輸入分錄，就能自動產生分錄帳、總分類帳、試算表、其他輔助簿、資產負債表、損益表等，這樣一來，進行月度結算時，只需輕輕按下列印鍵，月度結算書就會瞬間列印出來。

如此看來，比起製作，看得懂報表顯得越來越重要了。

合併是去除內臟脂肪
變得苗條

「單獨結算」和「合併結算」
有何區別？

假設你是某家上市公司的員工。

這家公司的總部設在東京，海外有10家子公司，共有15,000名員工，在日本國內也有5家子公司。

你進來公司至今已有25個年頭。一開始從基層員工開始做起，歷經主任、課長、部長，兩次派駐海外，最後終於當上董事。

走到這一步，你不再是上班族，而要稱你為（公司）董事。順帶一提，第二次派駐海外時，你還擔任過美國子公司的社長。5年後，你從董事升任代表董事，這是正式的頭銜，但公司內外的所有人都稱你為「社長」。

話說回來，這家公司整個集團共有幾家公司呢？

總公司1家，海外分公司10家，國內子公司5家，合計有16家公司。

這16家公司的名稱各不相同，都是獨立的公司組織。

不過，既然叫做子公司，就表示與位於東京的母公司有密切的關係，因此這16家公司就合稱為「集團公司」。

集團公司之間，或者母公司與子公司之間進行交易時，與跟毫無關聯的公司之間的交易不同，需要對結算進行修正。

單獨結算是指一般的結算業務，為企業單獨進行的結算

接續上一頁的內容。16家公司都是不同的公司，所以每家公司都要進行結算，這種每家公司各自進行的結算，稱為**單獨結算**。

單獨結算也叫做**個別結算**，就是只有自己一家公司的結算，這裡面當然也包括分店或分公司。

學習簿記時，最初也是從單獨結算開始學習。企業一旦發生交易，就要在分錄帳上做分錄，然後轉記到總分類帳上，將這一整年的資料彙整到試算表上，在結算時進行結算整理（最終調整）。

試算表分為結算整理前的試算表，和結算整理後的試算表。結算整理前的試算表直接叫做結算整理前試算表，結算整理後的試算表也直接叫做結算整理後試算表。

結算整理是指將日常交易中不合理的地方，在結算中進行調整的程序（詳見152頁）。

以結算整理後試算表為基礎，完成資產負債表和損益表等結算書，這就是每家公司進行的單獨結算業務。

一般說的「結算」，都是指「單獨結算」。

交易 → 分錄帳 → 總分類帳 → 結算整理前試算表 → 結算整理 → 結算整理後試算表 → B/S ／ P/L

合併結算是以單獨進行的結算為基礎，整個集團進行的結算

這個集團有16家公司，每家公司都會各自進行單獨結算。

待所有的單獨結算都做完後，由母公司代表整個集團進行結算，這就是**合併結算**。

合併結算並非單純地把單獨結算的16家公司加起來就算好了。這是為什麼呢？

讓我們做個簡單的測驗吧。

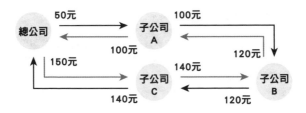

假設出現下列交易，那麼整個集團的銷售額會是多少？整個集團獲利又是多少？

總公司以50元的價格進貨商品。
①總公司以100元的價格將商品賣給子公司A
②子公司A以120元的價格將商品賣給子公司B
③子公司B以140元的價格將商品賣給子公司C
最後，子公司C以150元的價格將商品賣給總公司

總公司100元，A公司120元，B公司140元，C公司150元，整個集團的銷售額合計510元！

大家不覺得有哪裡怪怪的嗎？

總公司以50元的價格進貨的商品，繞了一圈又回到總公司的手上。

結算書和財務報表會對外公布，如果這樣的交易都可以認列的話，那麼在外界看來，整個集團的銷售額就顯得非常可觀。

現在公布上一頁問題的答案。

獲利為零元。①到④的交易只是在集團內部移動商品的保管地點罷了。

子公司A和子公司B的利潤各為20元，子公司C為10元，但總公司虧了50元，結果全部抵消，使得整個集團的利潤為零。

為了用誇張的表現方式，我把單位換成億元，那麼整個集團的銷售額就是510億元。為此，在合併結算中必須消除集團之間的銷售額。

這樣就能想像，合併結算並非單純地將單獨結算加起來就好。

● 子公司與關係企業有何區別

公司法中規定「子公司是指公司持有其總股東表決權過半數之股份有限公司，其他由該公司支配其經營的法人，由法務省令定之」（公司法第2條第3號）

因為內容複雜，這裡就不詳細說明。總之只要超過50％的表決權，就是100％的親子關係，如果低於50％，則由董事人數或支配契約等等來決定；此外，在子公司中，母公司持有100％股份的公司稱為全資子公司。

另一方面，關係企業與受支配的子公司不同，其定位是具有影響力的公司。如果表決權超過20％，那就是100％的關係企業，如果低於20％，就得看是否有重要的融資、技術提供、銷售等交易作為條件。

「單獨結算」和「合併結算」有何區別？

單獨結算……每家公司各自進行的決算

合併結算……以母公司為代表進行的整體集團結算

　　與單獨結算相比，合併結算的工作量明顯麻煩得多。每家公司在進行單獨結算時都有自己的帳簿，主要帳簿的分錄帳和總分類帳，所有公司都必須遵守記錄的規則。

　　到了下一期，結算完畢的帳簿會暫時關閉，但新的帳簿會接續上一期繼續記錄。

　　然而，合併結算原本就沒有帳簿。

　　因為是16家公司的集團，所以這一期的合併結算要針對16家公司進行結算，但下一期可能有其中幾家公司會消失；相反地，也有可能與其他公司進行新的業務合作，或者透過收購變成子公司，每一期都必須重新製作合併結算。

　　母公司與子公司、子公司與其他子公司之間的交易，稱為**內部交易**。商品買賣、母公司的土地出售給子公司等內部交易本身是很常見的事情。

　　不過，從集團外部的角度來看，內部交易充其量只是資金或商品在集團內部移動罷了，因此在合併結算中，內部交易要從合計中刪除，必須將膨脹起來的內臟脂肪去除才能保持苗條。

　　在合併結算成為義務之前，有些公司會在母公司出現虧損時透過增加對子公司的銷售來認列獲利，像這種利用子公司來操縱利潤的公司所在多有。

　　如果不公開正確的財務報表，就有可能讓投資人或股東的投資判斷、銀行等金融機構的融資判斷、是否與供貨商進行賒帳交易的判斷、消費者的購買判斷、就業或想跳槽的人的就業判斷等方面做出錯誤的選擇。

　　所以必須透過合併結算，正確揭露整個集團的真實情況。

「日常程序」和「結算程序」有何區別？

　　財務報表製作的過程，按照時間順序整理如下。雖然在其他頁面也有說明，但為了掌握結算前的流程，希望大家跟我一起做個總複習。

　　就算不是會計人員，也請看看下面的流程作為參考。

　　一旦發生簿記上的交易，就要在分錄帳上做分錄。資產、費用增加時記在左邊，減少時記在右邊；負債、淨資產、收入增加時記在右邊，減少時記在左邊。

　　例如：

- ・1/01　　出資 300 元現金開業
- ・1/05　　向銀行借了 100 元現金
- ・1/10　　以 10 元的價格進貨商品，用現金支付
- ・1/15　　以 30 元的價格銷售商品，收取現金
- ・1/31　　償還 40 元現金給銀行

做完分錄後，每次都要轉記到總分類帳的各個科目。
記在左邊的科目轉到左邊，記在右邊的科目轉記到右邊即可。

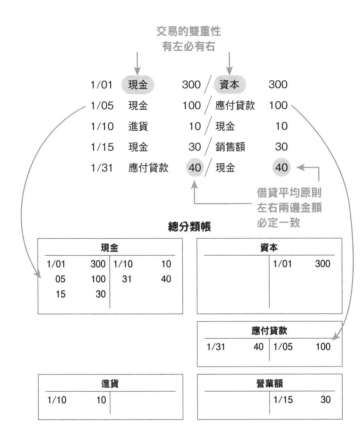

分錄可以按照發生的順序掌握交易情況，但無法得知各科目增加或減少了多少、剩下多少餘額。

如果是總分類帳，就能看出各項科目的增減和餘額。

▶ 複式簿記的最大特徵

交易的雙重性　一定會記錄兩個以上的科目。有左必有右，有右必有左。
借貸平均原則　左右兩邊金額必定一致。

德國詩人、劇作家、小說家歌德曾在小說中藉主角之口如此評價複式簿記：「複式簿記給商人帶來的利益無法估量……它是最偉大的發明之一。」

日常程序就是每當發生交易時
反覆進行分錄和轉記

　　在總分類帳確認，就能看出各個會計科目的增減情況。

　　如果想知道還有多少現金，只要翻開總分類帳的現金那一頁，就會看到左邊是增加的金額430元，右邊是減少的金額50元，餘額剩下380元。

　　翻開應付貸款那一頁，就會看到借了100元，還了40元，還剩下60元沒還。

　　總分類帳看似完美無缺，但這個帳簿有一個缺點，那就是如果不翻看每一頁的話，就無法得知各個會計科目的狀況。

　　總分類帳的頁數會隨著交易量增加而變得越來越厚，要看完100頁帳簿的所有內容談何容易。

　　於是便出現名為**試算表**的一覽表。

合計餘額試算表

借方（左）		會計科目	貸方（右）	
餘　額	合　計		合　計	餘　額
380	430	現金	50	
		資本	300	300
	40	應付貸款	100	60
		銷售額	30	30
10	10	進貨		
390	480	合計	480	390

必定一致

分錄和轉記到總分類帳上的內容如果正確就必定一致

製作試算表難不難？

從結論來說，其實很簡單。

把總分類帳左邊的科目餘額移至試算表合計欄的左邊，把右邊的科目餘額移至試算表合計欄的右邊。

移轉完畢後，將試算表左右兩邊的餘額填入餘額欄便完成了。

在實務上，會計軟體會自動幫我們統計，所以更簡單。

在經營者會議或與管理層討論的時候，試算表可以在討論宏觀方面的內容時派上用場。當被問起「現金有多少？存款有多少？還不還得了借款？還不了的話是否得動用定期存款？」這些問題的時候，如果手上只有總分類帳的話，就必須翻到現金、活期存款、支票存款、定期存款、短期應付貸款、長期應付貸款等各個科目的頁面來一一確認。

而試算表就沒有這個問題！所有的資訊都記在這一張紙上。

「我們公司的銷售管理部門花了多少費用呢？」當被問到這個問題時，如果查看總分類帳的話，就必須翻閱第18頁的董事報酬，下一頁的員工薪資，再下一頁的廣告宣傳費……這樣一頁一頁地翻找實在麻煩得不得了。

而試算表就沒有這個問題！所有的資訊都記在這一張紙上。

綜上所述，試算表就像書的目錄一樣，也能發揮鳥瞰圖的功能。

結算程序是指不能只依靠日常程序，用來進行修正的程序

從一整年的試算表中找出資產、負債、淨資產的餘額，做成資產負債表，找出收入、費用的餘額，做成損益表，然後進行報告……事情並非如此簡單。

在製作資產負債表和損益表之前，經理部得先面臨「結算」這個非常重大的活動。

交易→分錄帳→總分類帳→試算表→結算業務！

這堪稱是一年一度的大事。

如果只是從試算表中找出資產、負債、淨資產、收入、費用的餘額，移轉到財務報表上，那麼結算只需要一天，不，一個小時就能完成。如果有會計軟體的話，它會自動幫忙統計，零秒就能搞定。

但是，「結算」不是給人一種很忙碌的印象嗎？

每次邀經理部的人或會計人員下班去喝一杯時，對方是不是經常回答：「抱歉，這個月要結算，所以沒辦法去，等結算結束後再去喝吧。」也難怪結算會給人一種很忙碌的印象。可是，會計人員不是應該都會在日常業務中記錄交易嗎……？實在讓人搞不懂。

因為不能只依靠每天記錄的交易，必須做一些修正，簡單來說就是調整。

例如，帳簿上的現金科目和保險箱裡的實際現金出現不一致的情況。可能是數錯錢，也可能是漏記交易，原因五花八門，總之得對這些差異進行修正。

那麼，要什麼時候進行修正？就是在結算時進行，這種修正稱為**結算整理**。不錯，會計負責人有很多結算整理要做，結算前會忙到連小酌一杯的時間都沒有。

與前面提到的現金不一致一樣，除了修正日常交易的錯誤和未填寫的交易之外，還有一個原因。

結算整理有一個非常重要的作用，那就是為了進行適當的期間損益計算。

「日常程序」和「結算程序」有何區別？

　　日常程序是每當發生交易，就要做分錄和轉記到總分類帳上。

　　只要處理得當，感覺就能直接拿來製作財務報表，所有人皆大歡喜。那為什麼還得進行結算程序呢？是因為要進行適當的期間損益計算而必須做出修正。

　　例如，購買一輛營業用車，假設費用100萬元，耐用年限5年。

　　在購買的年度認列資產，5年後報廢。（折舊部分會在下一節詳細介紹）

　　如果每期的收入是100萬元，費用是60萬元，則

	第1年	第2年	第3年	第4年	第5年
收入	100	100	100	100	100
費用	60	60	60	60	160
	40	40	40	40	▲60

費用60和
車輛報廢損失100 ⎫160

　　這不是很奇怪嗎？

　　營業用車在過去的5年間不斷使用，對銷售額這項收入做出貢獻，但費用只認列到報廢的第5年，這樣就沒有進行適當的期間損益計算了。對第一期到第四期的股東和第五期的股東不公平，必須要做出修正。

　　什麼時候修正？在結算中透過結算整理進行修正。

　　利用定額法，將20萬元平均分配到這5年，100萬元／5年等於每年20萬元。

	第1年	第2年	第3年	第4年	第5年
收入	100	100	100	100	100
費用	80	80	80	80	80
	20	20	20	20	20

進行適當的
期間損益計算 !!

例如，2月1日支付了6個月的房租6萬元。（結算3/31）

2/1　支付房租　60,000　／　現金　60,000

因為產生支付房租的費用，使得現金這個資產減少，當然要做分錄。可是，是不是有哪裡怪怪的？

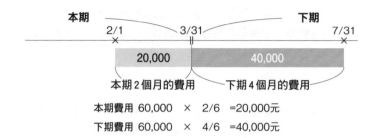

本期費用　60,000　×　2/6　=20,000元

下期費用　60,000　×　4/6　=40,000元

透過支付辦公室房租對銷售額這項收入做出貢獻。6個月的房租中，2、3月是對本期有影響的費用，4～7月是對下期收入有影響的費用。

必須從6萬元中扣掉4萬元。

什麼時候修正？在結算中透過結算整理進行修正。

像這樣，為了進行適當的期間損益計算，光靠日常程序還不夠，因此結算時要進行結算整理來做出修正。這就是為什麼會忙到連小酌一杯都沒時間的原因（很煩欸）。

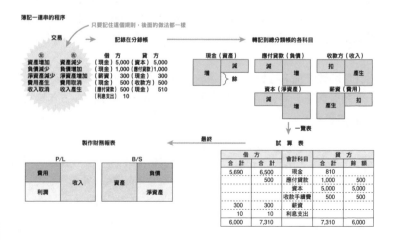

「定額法」和「定率法」
有何區別？

請試著想像一下你購買新車的情景。

鏡面般的光亮黑色車身，最新的安全裝備，還附有完善的導航系統，是花了500萬元買來的新車。

從交車那天開始，無時無刻都想坐在上面，不管是開車兜風，還是去便利商店買東西，幾乎每天都和它形影不離，就連假日也要把車子洗得一塵不染。

時光飛逝，5年過去了。一看里程表，已經跑了60,000公里。在電視廣告中看到最新款的電動車和跑車，又不禁心動起來。

現在也開始注意起收購中古車的廣告，於是決定找人對這輛車估價。當年花500萬元購買的車，如今居然只值100萬元。

5年前價值500萬元的車，現在只值100萬元，中間的400萬元跑去哪了！

當然價值不是一下子跌到剩這些。是隨著時間經過，價值逐漸下降，如今才變成100萬元。

在會計的世界裡，汽車、建築物、用品這類固定資產，都會隨著時間經過逐年貶值。

這種情況稱為**折舊**。結算時會計算每年的價值減少金額，認列折舊費這項費用。

折舊有好幾種計算方法，這裡介紹的是**定額法**和**定率法**這兩種具有代表性的方法。

定額法是每期按照固定金額
進行折舊的方法

定額法是假設每期價值會按照固定金額減少的計算方法。

作為折舊對象的固定資產稱為**折舊性資產**。

像土地這種可以永久使用的資產，由於不需要折舊，因此稱為**非折舊性資產**。

耐用年限也很重要。耐用年限是指可以承受使用的年數，也就是該資產能夠使用幾年。

定額法的計算方法如下。

‧**購置成本 × 折舊率**

假設耐用年限為10年，那麼折舊率就定為0.100。

用500萬元購買的汽車，每年的折舊費為500萬元 × 0.100 ＝ 50萬元，也可以用500萬元 ÷ 10年 ＝ 50萬元來計算，以前可以用這個除法公式來計算，但現行規定要求用乘法來計算。

不過，如果不是從學術的角度，而是想從實務上、經營者的角度來了解，那麼只要記住以固定資產的購置成本除以耐用年限就可以了。

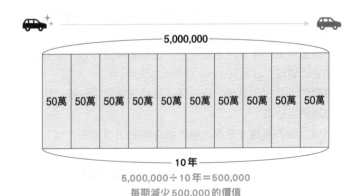

5,000,000 ÷ 10年 ＝ 500,000
每期減少500,000的價值

在上述例子中，每期都會減少50萬元的價值。第1年結束時，500萬元－50萬元＝車子的價值降為450萬元。

　第2年結束時，450萬元－50萬元＝價值降為400萬元。

　以此類推，最後第10年結束時，車子的價值變成0元。

　在耐用年限超過10年的時候，放在停車場裡的車子不會突然消失不見，只要不賣掉或報廢，就會一直存在那裡。

　只要還能開，要怎麼開都隨你高興。在這種情況下，如果帳簿上是0元就看不出來有車子這件事，所以會在帳簿上記錄1元，這1元稱為備忘價額。

　在會計處理上，使用間接法時會把車子的購置成本記錄在車輛（運輸工具）科目的借方，價值減少的部分記錄在累計折舊科目的貸方。

定率法是每期按照固定比率折舊，中途改用定額法計算的方法

定率法是假設每期減少固定比率的價值來計算的方法。

定額法是按照固定金額，定率法是按照固定比率來計算。

定率法也進行過規則修改，現行是採用「200％定率法」來計算。下面的計算公式偏難，也不實用，除非你是會計人員，否則沒必要記住。

定率法的折舊率是以1×200％÷耐用年限來計算。

假設耐用年限為10年，那麼折舊率就是1×200％÷10＝0.200；耐用年限為6年，折舊率就是1×200％÷6＝0.333。

如果採用的是定率法，那麼每年都要用現值乘以固定的比率來計算，因此每年的折舊費都不盡相同。

跟前面的定額法一樣，假設購買耐用年限為10年、要價500萬元的汽車。第一年的折舊費是500萬元×0.200＝100萬元，車子的價值為500萬元－100萬元＝400萬元。

第二年的折舊費是現值400萬元乘以0.200＝80萬元，車子的價值為400萬元－80萬元＝320萬元。以此類推，第三年的折舊費是320萬×0.200＝64萬元，第四年的折舊費是256萬×51.2萬元……如此重複計算，每年的折舊費逐漸減少，但車子的價值不會變成0。到了某一年之後，便從定率法改為定額法來計算。

以10年的定率法為例，前6年都是用定率法計算，第7年以後便以折舊率0.250的定額法計算，這個0.250稱為改定折舊率。

第10年結束後，如果這個資產還留在公司的話，那麼帳簿上就會留下1元，這一點與定額法相同。

如前所述，會計人員以外的人沒必要記住這個計算方法。若想從實務上或經營者的角度來了解，那就記住定率法的折舊費一開始較多，然後逐漸減少。

「定額法」和「定率法」有何區別？

兩種都是折舊費的代表性計算方法。

定額法是每期按照固定金額計算折舊費。

定率法是每期按照固定比率折舊，中途改用定額法計算。

即使是專業的會計人員，可能也會覺得定率法很難。不過還請大家放心，實務上都會提供數據，會計軟體也會幫忙計算，定率法也有規定從第幾年開始改為定額法。

這裡問大家一個問題，定額法和定率法，哪一種在各個會計期間會平均認列費用呢？

一定有人會回答：

「當然是每期固定金額的定額法啊！」

其實未必如此。

因為固定資產隨著時間經過，修繕費用也會增加。一開始不需要修繕的建築，時間一久，漏水、壁紙脫落等需要修繕的機會就會增加，修繕費用也會相應增加。

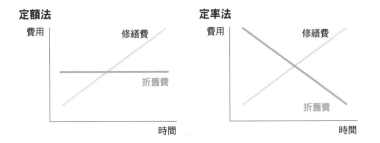

從這兩張圖可以看出，若將折舊費和修繕費都算進來，反而是定率法比較平均。

CHAPTER 5

不了解
會計實務！

我以前工作的公司有6名會計人員，其中有5人的年紀超過40歲，只有我一個是20歲出頭的年輕人。在「實務能力」方面，我根本比不上這些有超過20年實務經驗的前輩，所以我想透過學習日商簿記和建設業簿記1級，慢慢地累積自己的「專業能力」。可是，現場是活的，例如支票和票據的差別，公司債和股票的差別等實務能力也需要掌握。本章將向大家介紹教科書上沒有寫的實務方面內容。

01 ▶ 財務報表就交棒給……

「經理」和「財務」有何區別？

公司的成績單統稱為財務報表，其中包括損益表、資產負債表等，名稱也是固定的。

另一方面，部門的名稱則沒有規定，所以每家公司的組織名稱都有所不同。「營業部」、「總務部」、「系統部」、「製造部」、「品質管理部」……組織越龐大，往往分得越細。

儘管如此，我還沒聽說過有哪家公司沒有「經理部」或「經理課」。有些大公司是在「經理本部」底下分成「經理部」和「財務部」。嗯？經理部和財務部的差別在哪裡？如果被新進員工問到這個問題，你會怎麼解釋？

雖然知道這兩個部門都是負責有關公司資金的重要工作，但這樣的說明也太靠不住了。

讓我們來確認一下經理和財務的區別吧。

組織圖

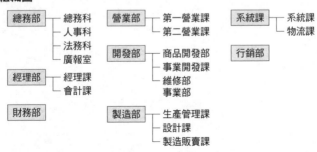

經理就是把日常交易記錄在帳簿上，並根據這些紀錄製作財務報表

在日本的商業領域中，經理這個名稱可說無人不知、無人不曉。

但是，幾乎沒有人知道經理的正式名稱。

「經理」是「經營管理」的簡稱。

具體來說，包括開票、付款、記帳、製作票據、材料採購、生產流程管理、成本管理等，從日常的瑣碎工作到大型業務都有涵蓋。

幾乎所有與金錢相關的工作都是透過「經理」來進行。

從公司的角度來看，將負責資金進出的部門統一為經理，比較方便掌握資金的流向。

經理最重要的工作是記錄每天的交易，最後製作成結算書。製作結算書是所有公司一年一度的大事。

除此之外，因為要負責與金錢相關的所有業務，所以薪資計算也是由經理部負責，包括獎金計算和薪資轉帳也是經理的工作。

有些公司會委託給顧問稅理士，但也有些公司連稅金的計算和繳納都一手包辦。

這麼看來，雖然有很多瑣碎的工作，但其中也包括重要的工作，可以看出是一個不可或缺的必要部門。

每月10號製作帳單，25號進行薪資轉帳，月底確認要支付的應付款項……像這樣每個月或一整年都有很多固定時程的業務也是其一大特徵。

財務就是根據製作出來的財務報表 來籌措資金，開始進行財務計畫等工作

「財務」大致分為三項工作。

在一般人的印象中，財務工作是根據「經理」製作的財務報表，反覆檢討並採取必要的行動。

另外像大公司（資本額超過5億元或負債金額超過200億元）這類滿足特定條件的企業，必須在結算期配合接受審計。審計通常是由「財務」的負責人來應對，而不是「經理」。

1.資金籌措

公司若要持續經營下去，當然需要花錢。

借錢的行為稱為借貸，主要功能就是與有借錢意願的銀行或投資人進行交涉。

除了融資之外，還有補助金、扶助金、群眾募資等籌措資金的方式，這些都是財務的工作。

2.財務計畫

在經營公司的過程中，有銷售計畫、獲利計畫等各種計畫，而財務負責的就是其中的財務計畫。

財務計畫就是根據損益表、資產負債表、現金流量表（參照175頁）、資金籌措償還計畫等資料來制定未來的計畫。

3.預算管理

與計畫有關，但需要對進度進行管理，工作內容是管理中途是否花太多錢而有資金不足的疑慮。

經理工作多半有固定的時間和內容，但財務工作的時間和內容卻不明確。

三項工作中哪個比較重要，會根據公司的情況而變化，因此主要業務也會隨時發生變化。

「經理」和「財務」有何區別？

「經理」和「財務」的區別，就在於是否為記錄日常資金流向的業務。

「經理」必須掌握每天的收支情況。

「財務」則沒有這個必要。

「經理」要將日常交易記錄在帳簿上，並根據這些紀錄製作財務報表。財務報表是反映公司財政狀況和經營績效的重要文件。

「財務」是根據製作出來的財務報表開始工作。具體工作包括執行資金籌措、制定財務計畫和預算管理。

因為「財務」正關係著經營的根本，所以有些設置社長室或經營管理室等單位的公司，多半都是由這些功能性單位來執行。

另外，根據公司的規模，有些公司也會讓經理部負責財務部門的工作。

可見「經理」和「財務」都是不可或缺的重要工作。

● 事務類部門的名稱

根據公司規模的不同，有些公司會把庶務或人事包含在總務內，有些公司則是把行政工作全部統一交由總務部、事務部等單位負責。

總務、勞務、法務、人事、經理、財務、營業事務……每家公司都有各式各樣的行政部門。

從前在年功序列、終身雇用制度下工作的公司，為了給超過40歲的員工分配職務，設置了很多部門。

除了總務、勞務、法務等前面提到的部門之外，還設置了資材、勞務安全、廣報、保險擔當等部門，導致出現了一大堆連一個下屬都沒有的部長職位。

02▶ 薄薄一張紙卻有最強的威力！
安全、輕便、好數！

「支票」和「票據」
有何區別？

在私人生活中，**支票**和**票據**比較不常見，但在公司之間卻是常用的支付手段。

有很多人認為是差不多的東西，但其實兩者的性質不同。

公司之間的交易跟我們個人平常購物不同，有時金額會很龐大。視公司的規模，有些交易甚至是以幾億元為單位。

如果用現金進行這種高額交易，不僅攜帶不便，還有遭竊的風險。

在我出生的那一年，1968 年（昭和 43 年）就發生了一起 3 億元竊盜案件。犯人喬裝成騎白色摩托車的警察搶奪運鈔車，這件案子至今仍未破案，成了一宗懸案。

不只是運輸過程，對於付款方及收款方來說，帶著現金這件事情本身就有危險，因此會想採用更安全的方法也是人之常情。

不過，支票和票據都是事後支付，如果不能在銀行兌換成現金，就形同一張廢紙。無論用哪個交易，都是建立在雙方的信賴關係上。

另外，**兩者的共通點就是都需要透過銀行來進行交易**。公司之間直接用大筆現金進行交易，這麼做非常不安全，透過銀行進行交易，也可以視為是保障雙方的安全和信用。

可以轉讓給第三者也是兩者的共通點。

如果是支票，轉讓人只要在背面簽名或蓋章就可以轉讓。但是，因為只要拿到金融機構就能馬上變現，在實務上幾乎沒有轉讓的案

例。

　如果是票據，因為距離到期日還有一段時間，所以比支票更常進行轉讓。票據的背面要寫上必要的資訊並蓋章才能轉讓，如果是個人，要寫上姓名、住址、商號；如果是法人，要寫上公司名稱、地址、代表人的頭銜和姓名。

　背書轉讓叫做「**轉讓支票**」。我以前服務過的公司就遇過自家公司開出的票據，經過幾次轉手之後，最後又回到我們公司手上這種有趣的事。

　日商簿記檢定考試中，支票和票據的處理方式是必考範圍。從初學者學習的3級開始就考到支票和票據交易的題目，其重要性可見一斑。

支票是委託金融機構
向收款人支付款項的證券

支票是一種支付方式，只要在上面填寫金額等必要事項並交給對方，就能完成支付。

把支票交給對方的行為叫做「開支票」。收到支票的一方，只要把支票拿到銀行，就能立即兌換成現金。

例如，A公司向B公司進貨商品，開出3萬元的支票支付。A公司開出支票後，會從支票存款帳戶中扣除3萬元，B公司帶著A公司（他人）開出的支票去銀行，就能兌換成現金（參照83頁）。

若想開支票的話，必須先開設支票存款帳戶，因為會馬上結算，支票存款帳戶中如果沒有超過開票金額的餘額，將會遭到拒付；如果有簽訂透支契約，在限度金額內還能進行結算（參照88頁）。

還有一種特殊的遠期支票。例如，戶頭裡餘額不足，無法立即支付，但10天後可以籌到錢，這種情況下，事先取得收款人的諒解，讓收款人10天後再拿到銀行兌換現金而開出遠期支票。

只要上面有填寫必要事項，原則上任何紙張都可以當作支票使用，但在實務上，為了能夠放心安全地進行交易，都是使用銀行發行的統一格式支票用紙。

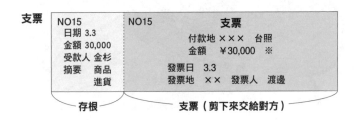

支票

NO15	NO15	支票
日期 3.3		付款地 ××× 台照
金額 30,000		金額 ￥30,000 ※
受款人 金杉		
摘要 商品		發票日 3.3
進貨		發票地 ×× 發票人 渡邊

存根　　　　　　　　　支票（剪下來交給對方）

票據是約定或委託他人
在一定期限支付款項的證券

票據是約定一定期限後支付款項而發行的證券。

換句話說，它跟支票不同，即使交易時沒有足夠的金額也可以發行，只要在支付日之前準備好錢就行了。

除了前面提到的期票（參照91頁）之外，還有**匯票**。

期票是收款人和付款人兩者之間的交易。

匯票是三方交易，付款方（發票人）向收款方（收款人）發行票據這一點與期票相同，不同的是**付款的不是開出票據的人，而是承諾支付票據款項的人**；付款人負責支付票據款項，所以也稱為「承兌人」。

收款人在到期日就可以在金融機構兌換成現金。例如，A公司開出匯票，得到B公司的承兌，令其支付C公司100萬元。

這種情況下相當於A公司（發票人）委託B公司（付款人＝承兌人）向C公司（收款人）付款。

匯票比較複雜，實務上幾乎不會使用。

「支票」和「票據」有何區別？

　　支票和票據的共通點很多，經常受到混淆。

　　需要先開設支票存款帳戶，填寫**銀行發行**的紙張開票，**可以轉讓給第三者**等等，這些都是共通的。

　　跟現金（貨幣）相比，兩者都有優點。

　　現金既重又不方便計算，帶在身上也有危險。

　　例如，試著比較5,000萬元的現金和支票。

　　把5,000萬元現金裝進手提箱隨身攜帶是一件很危險的事情，而且還重到不行，要確認金額就得清點紙鈔。據說數100萬元要花上1分鐘，如此推算，5,000萬元就要花50分鐘，如果中途數錯，就得像倒掉的骨牌一樣，從頭再數一遍。

　　另一方面，**支票和票據只有薄薄的一張紙**，不用手提箱，可以放在西裝的內袋裡，輕便又安全。

　　計算起來方便嗎？票面上寫著5,000萬元，所以1秒就能認出是5,000萬元。

　　支票和票據最大的不同之處在於，**收到支票的一方可以馬上兌換現金**，而**票據必須等到期日那天才能兌換**。

　　舉例來說，支付500萬元的貨款，開出支票和期票兩種情況。

　　票據分為雙方交易的期票和三方交易的匯票，兩者都是在到期日由收款人收到票據款項。

　　支票必須在支票存款帳戶裡有足夠餘額的情況下才能開出，但票據只要在到期日前將款項存入帳戶即可，即使開票時帳戶餘額不足也沒問題。

　　這兩種支付方式都會**因為拒付而失去社會信譽**，重要的是開票前先仔細思考一下資金週轉方面有沒有問題。

03▶ 是借錢還是募資！

「公司債」和「股票」有何區別？

　　經營公司就需要花錢。任何公司都有**資本金**，但隨著公司壯大，需要的資金也會增加。為此，我試著調查豐田汽車股份有限公司的資本額。

豐田汽車的資本額變化（摘錄）

1937年	12,000,000元
1952年	836,000,000元
1960年	16,000,000,000元
1986年	133,297,000,000元
2021年	397,049,000,000元

　　這樣的數字已經大到沒有逗號都看不清楚了吧。1986年以後的資本額就算有逗號也可能讓人數老半天。

　　順帶一提，2021年約為3,970億日圓，這個數字可以說相當驚人。當然，這些錢並不是社長自己從腰包裡掏出來的，因為是「股份公司」，所以是靠發行股票的方式，廣泛地向一般投資人募資。說不定讀者中也有豐田的股東呢。

　　除了股票之外，公司還可以透過公司債來募集資金。

　　大眾可以透過購買**股票**或公司債來進行投資。股票和債券都是有價證券，這一點是共通的。

　　無論是公司還是個人，在進行資產運用時，了解兩者的差異會很有幫助。

公司債是企業以借錢為目的而發行的債券，有償還義務

公司債是公司要借錢時所發行的債券。借錢的對象可以公開募集，也可以指定。

在資產負債表上會顯示在負債科目。負債有償還的義務，所以作為負債的公司債也必須償還。

ABC股份有限公司 公司債 金額　1,000,000元 利率　一年5.0% 償還日期　X5年12月31日				
息票 50,000元 X1年12月31日	息票 50,000元 X2年12月31日	息票 50,000元 X3年12月31日	息票 50,000元 X4年12月31日	息票 50,000元 X5年12月31日

這個公司債是ABC股份有限公司於X1年1月1日發行。

上面寫著「金額1,000,000元」，表示是為了借100萬元而發行的公司債。年利率為5.0%，代表每年有50,000元（1,000,000元×5%）的利息。

下面附有5張寫有日期的息票。持有公司債的人，只要在到期日將息票剪下來拿到銀行，就能領到現金50,000元（參照83頁）。

「償還日期X5年12月31日」是還錢的日子。公司債不叫到期日，而是**償還日**。

公司債上記載的金額是100萬元，所以這張公司債就稱為「面額100萬元的公司債」，但其實未必要以100萬元發行。

按照面額100萬元發行叫做**平價發行**，以低於面額95萬元的價格發行叫做**折價發行**，高於面額的發行叫做**溢價發行**。

股票是企業以籌措資金為目的而發行的債券，沒有償還義務

股票是公司為了籌措事業資金而發行的證券。

支付金錢的人會成為出資人，出資後就能成為股東，擁有公司的一部分。在帳簿上以「股本」這個會計科目來記錄，顯示在資產負債表的淨資產科目。因為是淨資產，**不像負債的公司債一樣有償還的義務。**

```
            B/S
    ────────────────────
            負債
            公司債  ←── 有償還期限

            淨資產
            股本    ←── 無償還期限
```

ABC股份有限公司 股票
壹股
第○○4號
ABC股份有限公司　　　　ABC股份有限公司
成立年月日　　　　　　　　　　　代表董事
讓渡期限　　　　　　　　　　綾小路流星

根據公司法規定，發行股票募集到的金額至少要有50％作為資本。可以全額作為「資本」，也可以將一部分作為「資本準備金」這個會計科目來處理。取用資本金比較麻煩，如果需要填補虧損，資本準備金比較容易取用。

股票的樣子差不多像上面的圖。

上面寫著「壹股」，代表這張紙等於1股，也有以10股、100股等單位發行的股票。

發行股票不是借錢，所以不需要支付利息，但當公司獲利時，也會回饋給股東，此稱為股利。股利是按照持股數來分配。

股票不像債券那樣附有期限，股東可以自由選擇持有或出售。股票新聞中提到的「股價」，就是指這些股票的價值。

「公司債」和「股票」有何區別?

公司債是企業以借錢為目的而發行的債券,有償還義務。

股票是企業以募集資金為目的而發行的債券,沒有償還義務。

兩者都是以籌措資金為目的而發行的有價證券,也可以買賣。

到期的公司債息票(參照83頁)是指公司債的息票。第172頁ABC股份有限公司的公司債上,有裁剪線的部分就是息票。在到期日的時候,可以馬上兌換成貨幣,所以在各期的12月31日會進行下列會計處理。

· 12/31　現金　50,000 ／　有價證券利息　50,000

　　股票分紅需要透過結算來確定公司的業績,並在股東大會通過後才能支付,因此支付時間會比結算晚3到4個月。股息收據也是通貨代用證券(參照82頁),收到股息收據的時候,需進行下列會計處理。

· 現金　××／　股利收入　××

　　讓我們從出資方的角度(投資的立場)來看看公司債和股票吧。公司債只要到了償還日期,就能收回投資的錢,利息也是固定的,但即使想在中途把錢拿回來,償還日期沒到也無可奈何。

　　股票雖然不能保證投資的錢一定拿得回來,但股價有可能會大幅上漲,說不定能賣出比買入時還高的價格,股票隨時都可以買賣。

　　兩相比較之下,公司債是低風險、低報酬、低流動性;股票是高風險、高報酬、高流動性。公司債比較適合希望相對安全讓錢增值的人,股票則適合做好承受一定程度損失的心理準備,希望在短期內獲得龐大利潤,期待分紅和股東優待的人。

04 展望未來還是重視平衡？

「現金收付表」和「現金流量表」有何區別？

這裡以經營餐廳的角度來思考。

餐廳需要採購食材進行烹飪，將料理提供給客人來收取費用。

食材的新鮮度是餐廳的命脈，所以必須每天進貨；此外也要支付水電瓦斯費、每月的房租，以及雇用員工的薪水。

因為有向銀行的貸款，所以也要還款。才大致思考一下，就想到各式各樣的支出。

收入是從客人那裡得到的銷貨收入，假設一切順利的話，可以認為每天都有進帳。

不過，餐廳的營收會受到平日假日和天氣的影響，變動很大。商業區的週日和颱風天，客人會一下子減少許多。

支出方面，除了進貨這種每天都需要的支出之外，多半都是固定在每月的○號付款，例如月底支付下個月的房租，電費和瓦斯費是15號從帳戶扣款，水費是兩個月一次，於偶數月的10號從帳戶扣款，償還貸款是20號連同利息一起從帳戶扣款。

因為是在固定的日期扣款，最好留意一下銀行帳戶內的餘額。

有些進貨是採取現金交易，但如果交易次數增加，就會改成上個月的款項在下個月5號一次匯入的做法。

公司的目的之一是「追求利潤」，如果資金在那之前用罄，公司就會倒閉。

現金收付表是對未來的預測。
用表格呈現收入、支出和餘額

「**現金收付表**」是將每天的收入、支出和餘額的預測用表格呈現。

試著想像一下存摺的內容，上面有日期、收入金額、支出金額、餘額，一目了然。

不過，存摺只是呈現過去的結果，而非未來的預測，所以和現金收付表不一樣。現金收付表是對未來的預測，只要用 Excel 等試算表軟體製作，就能自動計算出正確的數字，非常方便。

現金收付表可以幫助我們預測資金流動的結果以提前做出因應。比如說，3 個月後的資金可能缺少 500 萬元，這時就可以考慮借錢。

它並非對外公布的文件，所以沒有固定的格式。

因為不是公共文件，以週或天為單位都可以。○月會缺多少錢，○月是否還有餘裕，知道這些內容對於經營決策十分重要。

現金收付表是經營者或財務負責人為了籌措或償還資金而製作的公司內部極機密文件，有些金融機構會在公司提出資金週轉時要求拿出現金收付表，作為是否有能力償還的研究材料。

現金收付表

(單位:千元)

		實績		預定										合計
		**年4月	5月	6月	7月	8月	9月	10月	11月	12月	18年1月	2月	3月	
業況	銷售額													
	進貨額													
	上月結餘(A)	5,201	94,257	11,158	78,998	30,634	81,433	52,754	83,912	61,012	50,112	9,212	14,312	14,312
收入	銷售現金回收	102,857	20,700	17,800	17,800	97,650		168,045		30,000		50,000	24,000	528,852
	承兌票據													
	代收款													
	其他													0
	合計(B)	102,857	20,700	17,800	17,800	97,650	0	168,045	0	30,000	0	50,000	24,000	528,852
支出	進貨現金支付	58,034	41,213	45,560	61,264	41,951	23,779	13,987	18,000	36,000	36,000	40,000	40,000	455,788
	應付票據													
	外包費													
	預付款													
	人事費	1,500	1,500	1,500	1,500	1,500	1,500	19,500	1,500	1,500	1,500	1,500	19,500	54,000
	各項經費	4,267	3,946	1,500	2,000	2,000	2,000	2,000	2,000	2,000	2,000	2,000	2,000	27,713
	稅金		5,740											5,740
	合計(C)	63,801	52,399	48,560	64,764	45,451	27,279	35,487	21,500	39,500	39,500	43,500	61,500	543,241
	收入－支出	39,056	-31,699	-30,760	-46,964	52,199	-27,279	132,558	-21,500	-9,500	-39,500	6,500	-37,500	-14,389
資金週轉	應付貸款	50,000		100,000										150,000
	票據貼現													
	償還		51,400	1,400	1,400	1,400	1,400	101,400	1,400	1,400	1,400	1,400	1,400	165,400
	扣除(E)	50,000	-51,400	98,600	-1,400	-1,400	-1,400	-101,400	-1,400	-1,400	-1,400	-1,400	-1,400	-15,400
	次月結轉	94,257	11,158	78,998	30,634	81,433	52,754	83,912	61,012	50,112	9,212	14,312	-24,588	-24,588

現金流量表為結果，
是用來查看資金增減平衡的表格

　　資產負債表是顯示資產、負債、淨資產餘額的成績單，損益表是顯示一整年利潤的成績單，但無法得知資金的增減平衡，於是「**現金流量表**」應運而生。

　　現金流量表是由以下三個部分構成。

1. 營業活動之現金流量

2. 投資活動之現金流量

3. 財務活動之現金流量

　　1是本業產生的資金增減，2是設備投資和固定資產買賣產生的資金增減，3是借貸和增資產生的資金增減。現金流量表就是查看這三種資金增減平衡的計算書。

　　從現金流量表的字面意思來看，感覺像是可以讓人了解金錢流向的表格，但其實不然，它是用來查看資金增減平衡的表格，這一點很複雜，也是很多人搞錯的原因。順帶一提，可以看出資金流向的是先前提到的現金收付表。

　　現金流量表是給投資人看的資訊，並非給經營者看的資訊。上市公司有編製現金流量表的義務，未上市公司沒有編製現金流量表的義務。

現金流量表	
自 202X年4月1日	
○○○股份有限公司　　至 202X年3月31日	單位：元
摘要	金額
Ⅰ營業活動之現金流量	
本期淨利	2,000
折舊費	+500
有價證券評價損失	+200
固定資產處分損失	+400
固定資產出售收益	▲300
應收帳款的增減	▲200
存貨的增減	▲100
進貨債務的增減	▲200
營業活動之現金流量	2,300
Ⅱ投資活動之現金流量	
與出售固定資產有關的收入	1,000
投資活動之現金流量	1,000
Ⅲ財務活動之現金流量	
財務活動之現金流量	0
Ⅳ現金及約當現金增減額	3,300
Ⅳ期初現金及約當現金餘額	1,000
Ⅴ期末現金及約當現金餘額	4,300

「現金收付表」和「現金流量表」有何區別？

　　用來預測每日的收入、支出和餘額的現金收付表，是為了預測未來的現金流量而製作的表格，它沒有固定的格式，屬於公司機密。不過，如果要向金融機構申請貸款的話，有時也需要按照金融機構提供的格式製作並提交。

　　我們公司製作的現金收付表，會包含兩個月前的實際資金收付情況，以及從本月起到10個月後的未來預測。

　　舉例來說，建築公司的收入和支出通常都是大筆金額，假設承接的是一億元的公共工程，那麼大約一個月內就會收到4,000萬元（40％），或者產生2,000萬元的支出，因此必須掌握各項工程的交易量，及早制定資金週轉對策。

　　現金流量表是上市公司為了給投資人看而製作的表格，可以查看會計期間資金增減平衡的情況。

　　按照固定的格式，將現金流量分為營業活動、投資活動、財務活動三個部分來呈現。

　　下面簡單說明一下現金流量表的活用方式。

　　假設銷售是以應收帳款或應收票據支付，進貨是以現金支付，在這種情況下，即使認列銷貨收入，現金也不會增加，但進貨卻是用現金支付。銷售金額大於進貨金額，所以損益表上會出現利潤。

　　可是，雖然有利潤，手上卻沒有現金，這樣一來，用來支付的現金不足，導致資金短缺，最壞的情況甚至可能會面臨倒閉，這種倒閉方式稱為**黑字破產**。一旦疏於掌握公司的財政狀況，就會在不知不覺中陷入困境，必須特別注意。

　　對於投資人而言，現金流量表是重要的指標之一，它具備正確確認企業經營健康度的功能。

05

與日常的使用方式不同

「降價」和「打折、折扣」
有何區別？

有些用語雖然平常會使用，卻因為與會計的使用方式不同，而讓人感到困惑。降價、打折、折扣就是代表性的用語。

在電視購物中，經常可以看到購物專家聲嘶力竭地大喊：「現在購買還有降價，竟然只要○○元就能帶回家！」

看到這一幕的觀眾不禁感嘆：「這也降得太多了吧！真的太划算了～」反觀來賓則是一臉憂慮地說：「這個價錢實在有點為難⋯⋯」，接著購物專家開始解釋產品有哪些優點，進一步刺激觀眾的消費意願。我的家裡也有小腿按摩器、腹肌滾輪、肩膀按摩器、室內單槓⋯⋯等一堆閒置不用的健身器材。

超市接近打烊的時候，剩下的生魚片和熟食都會貼上「八折」或「七折」的標籤，「五折」標籤的商品更是搶翻天⋯⋯。

電視購物的降價是指以低於定價或廠商建議零售價等標準價格來販售的意思。如果商品品質有問題，就會引發客訴，所以在保證品質的前提下，要比標準價格更便宜。

打折是指以標籤上的價格為基礎，減去兩成或三成來販售的意思。英語是用「20％off」或「30％off」來表示，所以使用方法和百分比相同。

以上就是日常生活中的降價和打折的使用範例。

會計上的「降價」和「打折」與這些用法不同。

類似的用語還有「折扣」，讓我們來整理一下這三個用語吧。

降價是指商品出現差異、缺陷、損壞的情況而降低金額

會計上的「降價」是指商品或服務的品質有問題的時候,可以降低款項,不是像前面提到的電視購物那樣降低定價。

在會計的世界裡,只要商品的品質沒有任何問題,就不會有降價這檔事。

只有當購買的商品品質不良或出現破損的時候,才會以降價的方式處理,與訂單的數量不同或內容物有所欠缺,情況也是一樣。

嚴重時需要退貨,但也有不到退貨程度而以降價方式交易的情況。以仙貝的交易為例,如果外觀上可以看見明顯的裂痕,就能稍微把價格壓低,嚴格來說雖是不良品,但也算是交易。

會計用語的「降價」都是在進貨(購買)之後才會發生,如果是在降價之後才購買的商品,那麼只要按照降價後的金額認列進貨即可,不能當成降價。

降價的分錄做法很簡單,買方只需將進貨和應付帳款的降價金額相互抵消即可。例如,以500元賒帳銷售的商品降價100元時,進貨和應付帳款各記為400元。

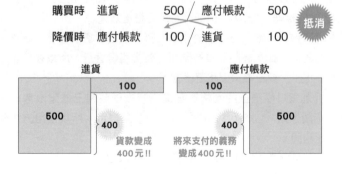

折扣和打折就是賒帳提前付款或大量購買而取得的優惠

　　會計上的「折扣」是指在付款期限之前付款，就能獲得商品或服務的優惠價格。

　　如果是賒帳交易，會比現金交易花更長的時間支付款項。賣方在設定價格時，也會把這段期間的利息算進來，如果比預定日期更早付款的話，就不必擔心資金週轉的問題，可以折扣掉提前天數的利息部分。

　　會計上的「打折」是指在一定期間內大量購買商品時，可以降低商品或服務的款項。對於賣方來說，願意大量購買商品的顧客非常難能可貴。這是一種事先簽訂打折契約，只要購買時能夠滿足其中的條件，就能免除部分支付的方法。

　　例如，事先簽訂購買100個便宜500元、購買150個便宜800元的契約。

　　打折有時也稱為退回（Rebate）或滿額折扣（Volume discount）。「折扣」跟商品買賣的交易內容無關，而是與款項支付日期有關的規則。

　　做折扣的分錄時，是以進貨折扣科目來記錄。

　　例如，以500元的價格賒帳進貨，後來提前付款，所以獲得50元的折扣，支付450元的差額。

　　進貨依然是500元，減去進貨折扣50元後，支付款項為450元。

　　進貨（費用）500元和進貨折扣（收入）50元不抵消，以總額表示，此稱為總額主義；反之，相互抵消的表示方式稱為淨額主義。

　　進貨折扣雖然跟進貨有關，但不是費用。因為是比預定時間提前支付款項的謝禮，是獲利的原因，屬於收入。

「降價」和「折扣、打折」
有何區別？

　　會計上的「降價」，是指商品出現差異、缺陷、損壞的情況而降低金額。

　　相當於降價的金額，是從作為費用的進貨科目中直接扣除。

　　會計上的「折扣」，是指比預定時間提前付款，貨款就能減少相當於利息的部分。

　　因為是相當於利息的金額，所以不能和作為費用的進貨抵消。

　　會計上的「打折」，是指在一定期間內大量購買商品時，可以獲得較便宜的價格。有時也稱為退回（Rebate）或滿額折扣（Volume discount）。

　　因為是大量購買決定進貨價格的交易，所以其中產生的款項減額要從進貨科目中直接扣除。

　　「降價」和「折扣、打折」的共同點在於都是在交易結束之後發生。

分錄處理的總結

　　降價……從進貨直接扣除

　　折扣……以進貨折扣（收入）處理

　　打折……從進貨直接扣除

　　像折扣這種根據金錢支付的約定而發生的交易，相對於買賣交易，稱為財務交易。

　　因此在損益表中，進貨折扣不能視為基於原本營業活動的收入，而是在營業外收入區分表示。

「單利」和「複利」有何區別？

　　網球、桌球、羽毛球等比賽，分為個人項目的單打和雙人項目的雙打。報紙和網路新聞中，為了節省字數，通常會用「單」表示單打，用「雙」表示雙打。本節我們就以「單」和「複」來進行討論。

　　在賽馬等公營博弈中，有單勝、複勝、連勝複式、三連勝單式等「單」和「複」字混在一起的名稱，玩法有些複雜。

　　說句題外話，2021年12月19日的賽艇比賽中，6艘船艇有4艘翻覆，最終只有2艘船艇抵達終點，三連單、三連複都不成立，主辦單位因而退還約41億元，這相當於發售額的96％（過去最高退還金額為2002年宮島冠軍戰的約24億元），41億元的銷售額瞬間蒸發。從會計處理的角度來看，這算是上一節提到的退貨嗎？

　　「單」給人的感覺像是1，「複」則像2，但這種說法並不正確。正確來說，「單」表示1，「複」表示2以上。

　　這讓我不禁想起以前學過的英語複數形。「I」是我這個單數，「We」是我們這個複數，就是2以上的意思。

　　「**單利**」和「**複利**」中的「利」是指利息。

　　那麼利息中的1或2以上又是什麼呢？

　　這部分就讓我們一邊思考一邊看下去吧。

單利是指只按照本金計算利息的方法

單利是指只有本金產生利息的計算方法。

舉例來說，假設有10萬元的本金，以每年5％的單利進行投資。

第1年的利息是100,000元×5％＝5,000元。

第2年的利息是100,000元×5％，也是5,000元。

以此類推，重複同樣的計算，如果投資5年，利息就是5,000元×5年＝25,000元，10萬元在5年內增加為12萬5000元。

在這個低利率的時代，每年以5％的利率投資5年很不容易，卻可以感覺得出來收獲頗豐。

相反地，我們也來思考一下借錢的情況。

只借10萬元的話，感覺很快就能還清，所以我們把數字再提高一些，假設借了100萬元。這裡將貸款期限設為比較寬鬆的10年，利息設為3％。

第1年的利息為1,000,000元×3％，也就是30,000元。

如此持續10年，10年的總利息為30,000元×10年＝300,000元。

連本帶利計算，10年後需要償還的金額共130萬元。

單利的計算很簡單，只要算出本金×利率，然後再乘以期間，就能得到總利息。

將這裡計算出來的12萬5,000元和130萬元，與下一頁的複利做比較。

大家覺得金額會變成多少呢？

複利是指本金加上利息來計算利息的方法

複利是將一年的利息納入本金，作為第二年的本金進行計算的方法。

舉例來說，假設有10萬元的本金，以每年5％的複利進行投資。

第1年的利息是100,000元×5％＝5,000元，計算結果和剛才的單利一樣。

但第2年開始就會出現差異。因為第2年會將第1年的利息5,000元加入本金來計算，所以投資金額會變成105,000元。第2年的利息是105,000元×5％＝5,250元，第3年會將第1年的利息5,000元和第2年的利息5,250元加入本金來計算，投資金額變成110,250元，第3年的利息是110,250元×5％＝5,512元。

按照這個方法來計算5年的利息，一共是27,627元。

加上10萬元的本金，總共得到127,627元。這對投資人來說，比只能得到125,000元的單利要划算得多。

借100萬元10年的情況也試著用複利來計算看看。

總利息為34萬3,914元，總還款金額為134萬3,914元。果然用複利來計算，還款金額會更大。

下面再試著以無擔保消費貸款的最高利率18％，計算100萬元用複利貸款10年的還款金額。

如果用單利來計算，每年的利息為180,000元，10年就是180萬元，再加上本金，還款金額共280萬元。

如果改用複利來計算……100萬的本金光是利息就高達4,233,828元‼

只借了100萬元，10年後卻要還5,233,828元‼這就是複利的真正可怕之處。

「單利」和「複利」有何區別？

「單利」是指只有本金產生利息的計算方法，「複利」是將一年的利息納入本金，作為第二年的本金進行計算的方法。

就像無擔保消金貸款的例子一樣，如果採用複利計算，只要本金不減少，債務就會如滾雪球般越滾越大。即使利率很低，一旦貸款時間拖得越長，還款就越困難。

不過，我們在進行投資的時候也會用到利息的計算，所以不能只強調危險的一面。

下面介紹兩個可以提高複利效果的重點，方便大家選擇投資時使用的金融商品。

1. 時間越長效果越好

複利商品的本金會隨著投資期間拉長而不斷增加，也就是說，持續時間越長，利率效果越好。從這個角度來看，長期投資型的金融商品更能發揮複利的效果。

2. 利息越高效果越好

複利的利率越高，就越容易受益。複利的利息效果會越滾越大，使本金不斷增加。

選擇複利商品時，利息加入本金計算的期間越短，本金就增加得越快。「一年複利」是每年都用一年的利息加入本金計算，「半年複利」則是每半年用六個月的利息加入本金計算，對於投資人來說更有利。

加入本金計算的期間越短，本金成長越快，資產增加得越多。與一年複利相比，半年複利甚至一個月複利更容易使本金增加。一旦承擔會計責任，就會收到各式各樣的金融相關人員的聯絡，重要的是如何運用正確知識增加公司的資產。

07

吹毛求疵！
只是個人龜毛，請別在意！

「取得價額」和「取得成本」有何區別？

公司每天都會進行各式各樣的交易。

這裡，我們以購買汽車為例來思考一下。

公司購買汽車的目的有很多，例如跑業務或送貨，用來接送社長、董事、客戶等等。

購買的汽車會被歸類在有形固定資產的車輛運輸工具這個會計科目。

但是，如果這家公司從事的是中古車販售業務的話，汽車就變成以銷售為目的的商品；當購買作為本業的商品時，就以進貨（費用）來處理。

如果是員工用於業務的話，就是固定資產。

像這樣，即使是購買同樣的東西，處理方式也會因為目的不同而有所差異。

不管目的為何，購買時都會附帶交易運費、運輸費等費用。

如果不支付這些附帶費用，便不能成為公司的物品。取得採購的商品和固定資產時，帳簿上會記錄包括附帶費用在內的金額。例如，採購一台20萬元的電腦時，還要將滑鼠費1,000元和運費3,000元算進去，而這20萬4,000元就是採購的商品金額。

為了事業使用而購買3,000萬元的土地，另外還要支付仲介手續費90萬、整地費用50萬元，所以土地的金額就是3,140萬元。

具備這些預備知識之後，下面讓我們比較一下**取得價額**和**取得成本**吧。

取得價額是指購入資產的金額
加上手續費等附帶費用的金額

取得價額是指取得或製造資產所需的金額。

如果是購買，就是購買代價加上附帶費用的金額。購買代價是指資產本身的價格，像上頁例子中的電腦20萬元、土地3,000萬元，就是購買代價。

取得價額不限於採購的商品或固定資產。

購買有價證券也是取得價額。

例如：

・5月2日，以每股350元的價格購買A公司2,000股股票
・7月3日，以每股380元的價格購買A公司1,000股股票

在這個例子中，5月2日的取得價額為2,000股 × @350 ＝ 700,000元。7月3日的取得價額為1,000股 × @380 ＝ 380,000元。

「@」這個符號表示單價。說句題外話，自從電子信箱使用@之後，@這個符號一下子受到大家的關注。在此之前，只有使用單價的人才認識這個符號。

回到正題，如果手上只持有這些A公司的股票，那麼取得價額就是700,000元＋380,000元＝1,080,000元。

取得價額經常和取得價格混為一談。

價額是價錢或價值的意思，在會計的世界是使用價額這個名詞。

價格是銷售時的定價，例如高麗菜的價格、汽油的價格等，通常使用價格這個名詞。

取得成本是本期取得價額的總和，
是記錄在資產負債表上的金額

取得成本是根據取得價額計算出來的金額。

讓我們再看一次介紹取得價額時提到的Ａ公司股票。

- 5月2日，以每股350元的價格購買Ａ公司2,000股股票
- 7月3日，以每股380元的價格購買Ａ公司1,000股股票

5月2日的取得價額：2,000股×＠350＝700,000元
7月3日的取得價額：1,000股×＠380＝380,000元
取得價額的總和：700,000元＋380,000元＝1,080,000元

取得成本是指取得價額的總和1,080,000元，這裡也計算一下單價吧。持有的Ａ公司股票為3,000股，取得成本為1,080,000元，因此單價為**1,080,000元÷3,000股＝＠360元**。儘管是以不同的單價分兩次購買股票，但持有的股票都是以360元的單價計算，這種計算單價的方法稱為移動平均法。

接著，我們再來看看後續的交易吧。

- **12月5日，以每股390元的價格出售Ａ公司的股票1,500股**

將手上持有的Ａ公司3,000股股票賣掉一半，剩下1,500股。賣出的1,500股的單價是＠360元。1股360元的Ａ公司股票，以1股390元的價格賣出1,500股，因此我們透過這次買賣而獲利。賣出的Ａ公司股票為＠360元×1,500股＝540,000元，賣出利益為（＠390元－＠360元）×1,500股＝45,000元。

時間快轉到隔年3月31日的結算日。到了結算日，手上還有1,500股Ａ公司的股票，Ａ公司股票在結算日的取得成本為1,080,000元－540,000元＝540,000元。

「取得價額」和「取得成本」
有何區別？

取得價額是指實際購入資產的金額加上手續費等附帶費用的金額，也可以說是為了取得資產而花費的全部金額。

取得成本是指當期取得價額的總和，如果期中有部分賣出，就要減去賣出部分的成本。取得成本也是記錄在資產負債表上的金額，對象資產包括商品、土地、建築物、車輛運輸工具、機械、軟體、有價證券等。

資產屬於公司的財產，為了用金額表示資產的價值，而以取得價額來表示。只要用下面的故事來解釋「取得價額」和「取得成本」，即一目了然。

社長吩咐甲和乙去購買公司用的商用筆記型電腦。兩人看中的電腦上標示著「價格」，上面寫著「含稅200,000元、運費1,500元、初始設定費3,000元」。

甲認為這台筆電不重，所以便自行帶回公司，就連設定也自行解決，這種情況下的取得價額為200,000元。

另一方面，乙不懂電腦設定，也覺得搬回公司很麻煩，所以請店家設定好後幫忙運送，這種情況下的取得價額為204,500元。假設到了結算日，除了這兩台筆電外，沒有購買、出售或報廢其他電腦。電腦是以設備這個會計科目來處理，所以這家公司的設備取得成本為200,000元＋204,500元＝404,500元。

話雖如此，但討論到這麼細也未免太龜毛了。

對於不是會計人員的人來說，只要知道「有很多細節必須注意，會計人員真的很辛苦」這樣就夠了。

不了解
分析方法！

製作分錄帳、總分類帳、輔助帳簿、試算表、財務報表都很麻煩。

會計人員以外的人不需要具備製作這些表格的能力。重要的不是製作，而是閱讀和活用到經營上。

只要學會閱讀財務報表的能力，就能了解公司的收入和獲利情況、是否具備支付能力、如何有效利用資源、業績是否成長等，從而在選擇經營戰略和合作夥伴時發揮作用。

請大家透過本章理解必要的財務分析，試著實踐看看。

「內部分析」和「外部分析」有何區別？

　　平成 3 年（1991 年），大學一畢業就被分配到建設公司經理部的我，一臉茫然地看著書庫裡昭和時代製作的結算書。分錄帳、總分類帳、試算表、資產負債表、損益表……**竟然全都是手寫的！**一旦發生交易，就要在分錄帳上做分錄、轉記到總分類帳、彙整到試算表、進行結算整理、製作結算書，這樣才是完整的流程。

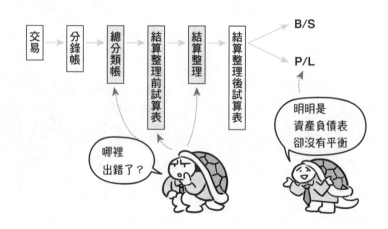

　　例如，當資產負債表不平衡時，就要**按照製作的順序反向檢查**。如果只是試算表彙整錯誤還好，但如果是分錄出錯的話，就必須對所有的帳簿進行修正，這表示只要分錄有一處出錯，就必須修改全部帳簿。

在12月結算的公司，聽說得犧牲年假來處理結算業務，這個都市傳說在我看到手寫結算書的那一刻才不禁感嘆：「原來這一切都是真的啊～」。

後來，市面開始出現高品質的會計軟體，只要修改分錄，所有的帳簿就會一併更新。

如今，只要用分錄來記錄日常交易，從轉記到總分類帳，一直到製作結算書，都能自動完成。

對於了解昭和時代的人來說，這真是太方便了。

然而，也會發生下面這種情況。

只要做好分錄，其他表格都能自動完成，導致有些會計人員看不懂帳簿。

不僅看不懂資產負債表和損益表等報告書，也不明白當中的數字含義。

說得難聽一點，就是不懂「財務分析」。

像這樣的會計人員越來越多。

財務分析分為「收益性」、「安全性」、「生產性」、「成長性」四個面向。

本章將向大家介紹如何閱讀製作出來的財務報表，從這些數字中可以看出和理解哪些事情，可以進行哪些分析。

● 定量和定性有何區別？

定量＝10％、300萬元這類數值化的事物。事物經過數值化，比較容易有
　　　共識。

定性＝經營者的性格、員工的士氣等無法數值化的東西。

內部分析是根據企業內部的
經營者和管理者的需求而進行的分析

財務分析是指投資人、金融機構這類企業的各方利害關係人，透過資產負債表、損益表、現金流量表上面的數值，進行比較、討論、整理、分解的分析。

經過這些分析，便能掌握企業的性質及實際經營狀況。

為了掌握實際經營狀況，我們可以根據財務報表的數字來分析是否有支付能力、是否會倒閉、是否有獲利能力、業績是否成長、資金和人才是否有效利用等資訊。

很多人往往認為「財務分析＝經營分析」，嚴格來說並非如此。

財務分析是以財務報表為中心、與財務相關的分析。

經營分析除了財務分析之外，還包括人才、人脈、企業評價等無法數值化的部分。

財務分析的目的，取決於何人看見分析結果而有所不同，也就是視分析主體而異。

分析主體可分為公司內部或外部，屬於企業內部或外部。

企業內部的分析直接叫做「**內部分析**」，企業外部也直接叫做「**外部分析**」。

內部分析是根據企業內部的經營者和管理者的需求所進行的分析。

經營者得為戰略性經營做出決策，管理職得為各部門做出決策。例如業務部門會做產品和客戶的種類分析，會計部門會做一般管理費的預算分析，財務部門會做資金週轉等分析。

外部分析是利害關係人根據企業公布的 財務報表而進行的分析

外部分析是企業的各方利害關係人，根據企業公布的財務報表進行的分析。

外部的利害關係人如下，他們各自有不同的分析目的。

●投資人
判斷是否買進股票或債券，也就是做投資決策的判斷。

●股東
判斷企業是否賺錢、有沒有倒閉的可能，是否賣掉手中的股票、繼續持有股票是否會虧損等判斷。

●銀行等金融機構
分析企業的還債能力和獲利能力來決定可否融資或融資金額。

●審計師
得到企業的會計和經理處理是否符合適當的會計準則的參考資料。

●稅務署
得到企業申報的所得是否正確計算的資訊。

▶ 外部分析和外部環境分析之間的區別

外部環境分析是指對自家公司所處的外部環境進行分析，透過分析來判斷對自家公司是機會還是危機的因素。了解自家公司所處的狀況，對於經營戰略非常重要。

外部環境分析是指自家公司對外部環境所進行的分析。

另一方面，外部分析是利害關係人對自家公司進行分析。

雖然名稱相似，卻是完全不同的分析。

「內部分析」和「外部分析」
有何區別？

　　進行內部分析時，企業內部不僅要分析財務報表等對外公布的資料，還要分析內部製作的管理費明細、各產品的銷售額、獲利率等。

　　不同產品和顧客的資料不會對外洩露。使用這些資料進行的分析，是只能在內部進行的分析。

　　外部分析是投資人、股東、金融機構等企業的各方利害關係人，根據企業公布的資料，按照各自目的而進行的分析。綜上所述，財務分析的目的是根據分析主體（由誰進行分析）而有所不同。

　　下面來整理一下需要分析或可以分析哪些方面。

❶收益性分析（獲利能力）
❷安全性分析（是否具備支付能力）
❸生產性分析（資源有效利用的程度）
❹成長性分析（業績是否成長）

　　分析的方法包括實數分析和比率分析。

　　實數分析是直接分析財務報表項目等會計資料的方法，也就是用「實數」、「幾元」來表示。

　　比率分析是表示相互關聯的資料之間的比例，使用這個比率進行的分析，以「百分之幾」或「幾次」來表示。

　　根據期間，也可以分為靜態分析和動態分析。

　　靜態分析是根據一個會計期間或一個時間點的資料進行的分析。

　　動態分析是根據像前期和本期這種兩個會計期間以上的資料進行比較分析。

　　了解分析的概要之後，從下節開始介紹對實務有幫助的分析。

02▶ 與黑字或赤字公司做生意？

「銷貨毛利率」和「本期淨利率」有何區別？

「你明天有空嗎？有沒有時間？」

經常有人在電子郵件或LINE上面這麼問我，但我覺得這句話根本沒有意義。

「明天幾點？在哪裡？實體還是線上？是什麼事？研討會、派對、聚餐、演唱會、需要費用嗎⋯⋯」等疑問接二連三地冒出來，老實說真的讓我很焦躁（笑）。

「怎樣，有利潤嗎？有賺頭嗎？」

這句話其實也沒有意義，有時候甚至還會造成誤解。

那是因為利潤（獲利）有五種類型。

A公司說：「我們本期有3億元的黑字，請和我們做生意！」。

B公司說：「我們本期有3億元的赤字，請和我們做生意！」。

聽到這些話，你會選擇和哪家公司做生意呢？

正常情況下，3億元黑字的公司比較讓人放心和信任，但請先比較一下這兩家公司的損益表再說。

	A 公司	B 公司
〜	〜	〜
經常利益	▲2億元	2億元
非常收入	5億元	
非常支出		5億元
本期淨利	3億元	▲3億元

　　A公司每期都有約2億元的**經常損失**，已經無法維持營運，於是只好賣掉明治時代購買的赤坂黃金地段，才獲得5億元的非常收入（土地出售利益）；儘管本期的最終利潤達到3億元，但預計下期的本業銷售額仍然不會有什麼起色。

　　反觀B公司每期都有約2億元的**經常利益**，但這一期因為火災導致存放商品的倉庫完全燒毀，才產生5億元的非常支出（火災損失），因此最終才虧損了3億元。下一期就能正常營業，預計經常利益仍在2億元上下。

　　照這樣聽來，B公司比較讓人放心和信任吧。綜上所述，思考方式會根據利潤的種類而改變。

　　這個例子的金額恰巧相同，所以很容易進行比較，但如果遇到銷售額和利潤額都不一樣的情況時該怎麼辦呢？

其實我是黑字

其實我是赤字

銷貨毛利率是銷貨毛利占銷售額的比例

　　想像一下自己開了一家橡皮擦專賣店。

　　假設花70元請橡皮擦師傅製作橡皮擦，再以100元的價格賣給小學生。

$$100元 - 70元 = 30元$$

收入 － 費用 ＝ 利潤

　　你的獲利，也就是利潤為30元。

　　讀到這裡，我想大家應該已經知道100元並非利潤了吧。

　　100元是獲利的原因，也就是收入，扣掉70元的費用，剩下的30元才是利潤。然而，就是有人會把這100元當作利潤。

　　這是我以前在一家建築公司工作所發生的故事。公司把用了約3年的業務車以50萬元的價格賣掉，透過談判讓對方用高於市價收購的業務部長，得意洋洋地說：「都是多虧業務部的努力才賺到這50萬元吧！」。

　　眾所周知，買車的時候需要花費購置成本，出售利益是用出售價格減去購置成本來計算。

購置成本是300萬元，50萬元減掉300萬元得到的金額才是獲利；換言之，實際上是虧了250萬元（為了簡單說明，這裡先忽略折舊計算）。

當時的業務部長總是瞧不起事務部，經常將「你們都是靠誰才有飯吃啊！」這句話掛在嘴邊，這件事又讓他逮到機會狂酸了事務部一番（笑）。

雖然話題扯得有點遠，但我只是想藉由這個故事告訴大家，把獲利和利潤混為一談的人其實比想像中的還要多。

銷貨毛利是指銷售額減去商品成本後得到的利潤，通稱**毛利**或者**毛利潤**。

・銷貨收入－銷貨成本＝銷貨毛利

由此可以計算出
・銷貨毛利率＝銷貨毛利／銷售額 × 100
前面提到的橡皮擦專賣店，銷貨毛利率為

30元／100元 × 100＝30％

本期淨利率是指本期淨利占銷售額的比例

　　請橡皮擦師傅製作橡皮擦賣給小學生，如果只有這樣的交易，想必生意和會計都能輕鬆做好吧！但是，天底下哪有那麼好康的生意。

P/L
202X年〇月〇日～202X年〇月〇日

銷貨收入	100
銷貨成本	70
銷貨毛利	30（30%）
銷售、管理及總務費用	9
營業收入	21（21%）
營業外收入	1
營業外支出	2
經常利益	20（20%）
非常收入	2
非常支出	4
本期稅前淨利	18（18%）
所得稅等	6
本期淨利	12（12%）

　　例如，員工不工作，就沒辦法做生意，沒有網路和電話就沒辦法聯絡，沒有水電瓦斯就沒辦法營業，沒有保險就無法放心地開車出門跑業務。

　　這些都是為了販賣橡皮擦這個商品而犧牲的支出，這類支出稱為「銷售、管理及總務費用」。

扣掉這些費用後的利潤稱為營業收入。

營業收入率是用營業收入／銷售額 × 100 來計算。

・21元／100元 × 100 ＝ 21％

營業收入加上利息收入等營業外收入，扣除利息支出等營業外支出，就會得到經常利益。

經常利益率是用經常利益／銷售額 × 100 來計算。

・20元／100元 × 100 ＝ 20％

經常利益加上特殊情況下產生的非常收入（收入），扣除非常支出（費用），就會得到本期稅前淨利。

本期稅前淨利率是用本期稅前淨利／銷售額 × 100 來計算。

・18元／100元 × 100 ＝ 18％

本期稅前淨利扣除所得稅等，就會得到本期淨利。

本期淨利率是用本期淨利／銷售額 × 100 來計算。

・12元／100元 × 100 ＝ 12％

原本30％的銷貨毛利率，最後變成12％的本期淨利率。

舉例來說，假設你想投資一家建築公司。

C公司的銷售額為8,000億元，銷貨毛利為2,000億元，本期淨利為600億元。

D公司的銷售額為5,000億元，銷貨毛利為1,800億元，本期淨利為500億元。

這兩家公司都是有獲利的優良上市公司，但因為金額不同，實在很難做比較。

讓我們在下一頁對這兩家公司做比較吧。

「銷貨毛利率」和「本期淨利率」有何區別？

如果用計算獲利率的方式來比較前面提到的Ｃ公司和Ｄ公司，銷貨毛利率為Ｃ公司25％，Ｄ公司36％，本期淨利率為Ｃ公司7.5％，Ｄ公司10％，一下子就變得很容易比較。

透過比例就能輕鬆比較多家企業，用來比較期間也很方便。

	1期	2期	3期	4期	5期
銷貨收入	100	120	140	150	130
銷貨毛利	20	30	40	35	34
銷貨毛利率（％）	20	25	28.5	23.3	26.1
本期淨利	5	6	8	10	9
本期淨利率（％）	5	5	5.7	6.6	6.9

每段時期的銷售額和利潤額都不同，很難進行比較，但只要計算利潤率，就能**輕易地進行期間比較**。

日本人經常在情報節目中聽到增收增益這個名詞，這家公司的第3期就符合這個條件。

銷貨毛利是商品（或服務）本身的獲利，這個比率一旦下降，就必須和供貨商進行交涉，或者採取提高商品價格等方針。

銷售、管理及總務費用中包含大量的人事費，如果人員沒有流動，只有不斷加薪，那麼人事費就會持續增加，營業收入率當然會因此下降。

本期淨利是最終的利潤，也是使公司變得更強大的留存收益的源泉，公司必須努力避免本期淨利率下降。

綜上所述，**根據利潤率就能輕易地進行企業間或期間的比較，也可以連結到今後的經營方針。**

光喊口號
並無法提升公司的業績！

「變動成本」和「固定成本」
有何區別？

　　我的朋友早川勝先生現在是一名上班族，他也是《領導之鬼100則》（明日香出版社）、《全球前6％的超推銷習慣》（秀和系統）等多本銷售類書籍的暢銷作家。

　　這是早川先生在前一份保險公司工作時的故事。當時他被分配到一家業績不佳的分公司，卻憑藉一己之力將那家分公司的業績推向全國第一；他的方法是，禁止其他人說出某些話。

　　大家猜猜他究竟是禁止說哪些話呢？

　　不是「反正不行」、「做不到」、「就憑我……」這些負面的話。

　　而是「我會努力的」這句乍聽之下很正面的話。這是為什麼呢？努力與否對銷售來說沒有多大意義，重要的是有沒有為了達到成交這個目標而有計劃地行動。

　　「給我好好加油啊！」、「是！我會努力的！」

　　光喊這些口號一點意義也沒有，即使沒有成交，本來也應該盡力而為。

　　因此，他讓大家具體地宣告「什麼時候可以做到○○」這句話來取代「我會努力」。**只要宣布目標、期限和具體數字，大家就會為了達成那個目標而真正地努力。**

　　公司整體的銷售目標、利潤目標也是同樣的道理。
　　盲目地努力根本不會產生任何效果。

變動成本是與銷售額成比例變動的費用

如前所述，公司整體的銷售目標、利潤目標也是同樣的道理，如果沒有具體的數字目標，只是嘴巴喊著「努力提高銷售額！」、「努力創造利潤！」這樣就不知道該怎麼努力，應該努力到什麼時候，努力到什麼程度。

不僅如此，有時候甚至因為沒有設定合理的數字，反而出現越賣越虧的情況，因此必須確認「**收支平衡點銷售額**」。

收支平衡點銷售額，顧名思義就是「收（利）」和「支（損）」的「平衡點」的銷售額，簡單來說就是不賺也不賠，收支為零的銷售額。

收入減去費用就是利潤。

· 收入－費用＝利潤

假設收入和費用同樣都是100，那麼利潤就是0（100－100＝0）。

如果費用為99，那麼利潤就是1（100－99＝1）；反之，如果費用為101，那麼虧損就是1（100－101＝▲1）。

可能有人會認為「費用下降利潤增加，費用上升利潤減少，感覺很簡單嘛！」但其實不像表面上說的那麼簡單。

因為費用裡面有**變動成本**和**固定成本**。

只要這兩項費用一起算進來，就無法得到收支平衡點銷售額。

變動成本是與銷售額成比例變動的費用。
固定成本是與銷售額無關的費用。

為了算出收支平衡點銷售額，第一步從將公司的費用全部分成變動成本和固定成本開始。

固定成本是與銷售額無關的費用

　　這一頁原本是固定成本的說明，但和變動成本一起介紹會比較容易理解，所以便和變動成本一起說明。

　　變動成本是隨銷售額起伏而增減的費用。

　　固定成本是與銷售額無關、金額固定的費用。

　　以拉麵店為例。拉麵賣得越多，麵條、筍乾、叉燒這些材料就進得越多，水電瓦斯等超過基本費用的部分，還有運費、員工的加班費也會跟著增加，這些隨著銷售額變動的費用就是變動成本。反之也有不管拉麵賣得好不好都會產生的費用，那就是固定成本。例如，水電瓦斯的基本費用部分，即使沒有半個客人上門，銷售額為零，仍然需要花這些錢，火災、汽車等各種保險費也是一樣，不管銷售額有多少，每個月都要支付一定的保險費；除此之外，員工的基本薪資、房租和租金也是如此。

材料費	變動成本
外包加工費	變動成本
水電瓦斯	固和變（基本費用為固定成本）
折舊費	固定成本
修繕費	固定成本（緊急修繕亦然）
租賃費	固定成本
董事報酬	固定成本
薪資	固和變（基本薪資固定，加班費變動）
廣告宣傳費	固定成本（預算以外為變動）
燃料費	固定成本（營業活動用為變動）
差旅費	固定成本（營業活動用為變動）
地租房租	固定成本
通訊費	固和變（基本費用為固定成本）
租稅公課	固定成本
交際費	固定成本（預算內為固定成本）
保險費	固定成本

「變動成本」和「固定成本」
有何區別？

變動成本和固定成本如何與銷售額連結？

舉例來說，假設變動成本占銷售額的60％，

銷售額為100元時，變動成本為60元（60％）

銷售額為200元時，變動成本為120元（60％）

銷售額為300元時，變動成本為180元（60％），像這樣按照比例增加。

銷售額減去變動成本得到的利潤叫做邊際利潤（銷售額－變動成本）。

100％－60％，因此邊際利潤率為40％。

另一方面，固定成本10元，不管銷售額是100元、200元、300元還是1,000元，同樣都是10元。

銷售額	100	200	300	1,000
變動成本	60	120	180	600
邊際利潤	40	80	120	400（邊際利潤率 40%）
固定成本	10	10	10	10（固定成本）
經常利益	30	70	110	390（經常利益）

不管賣出多少都是固定的!!

確定的費用包括邊際利潤率40％和固定成本10元。詳細內容將在下一節說明，只要知道這兩個數字，就能算出收支平衡點銷售額。

這裡告訴大家業績預測經常下修的企業特徵，那就是固定成本比率很大的企業。

變動成本隨著銷售額成正比變化，因此當銷售額減少時，變動成本也會跟著下降。銷售額減少，費用也會隨之下降，所以對利潤的影響不大，對業績預測的影響也會減少。

但是，固定成本偏高的企業呢？即使銷售額減少，固定成本也不會下降。銷售額減少會直接影響到利潤，造成遠遠超出業績預測的虧損。

	A公司（固定成本低）			B公司（固定成本高）		
例）銷售額	200	100	500	200	100	500
變動成本	140	70	350	80	40	200
邊際利潤	60	30	150	120	60	300
固定成本	1	1	1	70	70	70
經常利益	59	29	149	50	▲10	230

銷售額減少，變動成本跟著下降

固定成本較高，銷售額減少會造成極大衝擊!!

變動成本較低，銷售額上升就能增加利潤!!

固定成本一旦偏高，銷售額下降就會導致利潤大幅減少；反之，銷售額上升，由於變動成本偏低，因此利潤會大幅增加。例如，邊際利潤率30％的A公司，經常利益為149，而邊際利潤率60％的B公司，經常利益為230。

由此可見，固定成本高的公司屬於高風險高報酬。

04

邊玩邊學收支平衡點銷售額的
計算方式吧！

「收支平衡點銷售額」和
「簡易收支平衡點銷售額」
有何區別？

如前所述，只要知道邊際利潤率和固定成本，就能算出收支平衡點銷售額。

下面以邊際利潤率40％、固定成本10的企業，銷售額100為例：

銷售額 ❶	100
變動成本 ❸	60 ➡銷售額100×60％＝60
邊際利潤	40 ❷（40％）➡銷售額100×40％＝40
固定成本	10
經常利益	30

銷售額若為100，經常利益就是30，那麼經常利益為0的收支平衡點銷售額是多少呢？

邊際利潤 ❷	10 ❶
固定成本 ❸	10
經常利益	0

※固定成本為10，
所以當邊際利潤為10的時候，
經常利益就是0

不管有沒有銷售額，這家企業的固定成本都是10。若邊際利潤額為10，經常利益就是0。

銷售額	25
變動成本	___ 〕（40%）反算
邊際利潤	_10_

邊際利潤若為10，則除以40％，就能反算出銷售額為25。

銷售額	25
變動成本	_15_（銷售額－邊際利潤）
邊際利潤	_10_（邊際利潤率40%）
固定成本	_10_
經常利益	0

　　結果顯示，這家企業的收支平衡點銷售額為25，這表示銷售額不到25就是赤字，超過25就是黑字。

「收支平衡點的銷售額」
就是不賺不虧的銷售額

即使透過降價來增加銷售額，如果最終利潤減少，也沒有意義。

如果只是憑「直覺」決定銷售目標，計劃就會落空。

為了制定避免赤字的利潤目標，就必須掌握需要多少銷售額。為此，首先從把費用分為變動成本和固定成本，計算收支平衡點銷售額開始。

請準備一台計算機，試著解開下面這道簡單的練習題。

練習題	請計算出各自的收支平衡點銷售額。

銷售額		銷售額	
變動成本	_____	變動成本	_____
邊際利潤	（25%）	邊際利潤	（40%）
固定成本	100	固定成本	200
經常利益	0	經常利益	0

解答

400－100＝300   （500－200）

銷售額	400	銷售額	500	
		100÷25% ❷		200÷40%
變動成本	300	變動成本	300	
邊際利潤	❶ 100（25%）	邊際利潤	❶ 200（40%）	
固定成本	100	固定成本	200	
經常利益	0	經常利益	0	

CHAPTER 6 不了解分析方法！

做過練習題就會明白，只要知道邊際利潤率和固定成本，就能算出多少銷售額才不會出現赤字。

舉例來說，假如收支平衡點銷售額為1,200萬元，那麼每個月有100萬元的銷售額就不會虧損。

當然，就算平均100萬元也不會有利潤，所以對於以追求利潤為目的的企業來說，沒有任何意義。詳細內容會在後面介紹，但也可以設定希望有多少經常利益作為利潤目標，再根據這些制定目標銷售額。

也許有人會心想「為什麼不是本期淨利，而是經常利益呢？」但是特別損益科目屬於相當罕見的特殊情況，是預期外的收入和費用，所以才把經常利益作為計算對象。

「簡易收支平衡點銷售額」
是簡單計算收支平衡點銷售額的方法

如果是辦公人員較多的企業，可以分成變動成本和固定成本，就能算出收支平衡點銷售額，但在實務上，如果員工不足，或是不太懂會計的經營者，區分起來會很困難。

所以才會出現一種不用區分變動成本和固定成本，就能簡單輕鬆地計算收支平衡點銷售額的方法。

簡易收支平衡點銷售額的計算方法

①將銷貨毛利率視為「邊際利潤率」

下面範例　銷貨毛利30／銷售額100 × 100

　　　　　＝邊際利潤率30％

②將銷售、管理及總務費用－營業外收入＋營業外支出視為固定成本

下面範例　銷售管理費9－營業外收入1＋營業外支出2

　　　　　＝固定成本10

P/L　202X年〇月〇日～202X年〇月〇日

銷貨收入	100
銷貨成本	70
銷貨毛利	30（30%）
銷售、管理及總務費用	9
營業收入	21（21%）
營業外收入	1
營業外支出	2
經常利益	20（20%）

10÷30%

銷售額	33.4
變動成本	＿＿＿
邊際利潤	10（30%）
固定成本	10
經常利益	0

經過計算可以得知需要33.4的銷售額。

「收支平衡點銷售額」和
「簡易收支平衡點銷售額」有何區別？

　　雖有精準度上的差異，但透過收支平衡點銷售額的計算，就能幫助我們決定必須認列多少銷售額、重點銷售哪些商品才能獲利，以及是否可以進行半價促銷、如何剔除造成虧損的商品、在考量人事成本的基礎上如何調漲薪資、是否要關閉或合併營業所來減少固定成本等。

　　此外，計算收支平衡點銷售額的時候，也可以將銷售數量設為目標，而不是金額。例如，收支平衡點銷售額為2.8億元，銷售目標3億元。為了達到3億元的銷售額，單價3萬元的商品需要達到1萬個銷售量。假如一個月的銷售目標是1萬個，那麼從第11個月開始就能轉虧為盈，我們也能像這樣用玩遊戲的心態來設定銷售目標。

　　假設「希望剩下經常利益○○元」，那麼銷售額的計算方式就是（固定成本＋目標利潤額）／邊際利潤率。

　　例如，邊際利潤率25％、固定成本80的公司，希望剩下50的經常利潤，經過計算得到

　　（80＋50）／25％＝520。

　　我不擅長使用公式，所以是用下圖來計算。

　　大家不妨驗證一下公式是否正確。

銷售額	520 ④	
變動成本	390 ⑤	
邊際利潤	130 (25%) ①	
固定成本	③ 80 ②	
經常利益	50	

① 已知邊際利潤率25%和
② 固定成本80。
③ 為了剩下經常利益50，需要50＋80＝130的邊際利潤。
④ 130/25%＝520
　用130除以25%來算出需要的銷售額為520
⑤ 變動成本＝520－130。

只要認列銷售額520，就能算出經常利潤50。

如前所述，**財務會計是為了向企業的各方利害關係人報告而做的會計。**

另一方面，**管理會計是在預算管理、成本管理、業務改善、問題解決、利潤目標、銷售額目標等經營決策中發揮作用的會計。**

因此，算出收支平衡點銷售額，將其運用到經營上是很重要的一件事。

05 ▸ P/L、B/S 都會用到的最強分析！

「ROE」和「ROA」
有何區別？

假設職棒選手本賽季的成績如下。

A 選手　160 支安打（550 個打數）　全壘打 38 支　打點 95 分
B 選手　150 支安打（500 個打數）　全壘打 39 支　打點 92 分
C 選手　120 支安打（360 個打數）　全壘打 40 支　打點 99 分

A 選手的安打數最多，但這一年卻是 C 選手勇奪令和首座三冠王的獎項。為何安打數比 A 選手少 40 支的 C 選手能夠拿下三冠王呢？因為安打王**不是從安打數來看，而是看打擊率**。順帶一提，這 3 名選手的打擊率分別是 A 0.291（160/550）、B 0.300（150/500）、C 0.333（120/360），A 選手的打擊率甚至不如 B 選手。

財務分析也是同樣的道理。

全壘打數和打點這些實際數字也很重要，而銷售額和利潤額也同樣是重要的指標，但在進行企業間比較或期間比較時，有時候也會遇到難以從實際數字看出來的情況。

例如，假設想比較的三家企業銷售額皆為 1 億元，經常利益分別是 3,000 萬元、2,000 萬元、1,000 萬元，那麼比較收益性就簡單多了。但是，如果銷售額分別是 6 億元、1 億元、2,000 萬元的話，就很難一下子看出哪家公司的收益性比較高。

期間比較也是同樣的道理。如果連續 3 期的銷售額都是 1 億元，那麼就可以根據各期的利潤額來進行期間比較。然而，每期銷售額都相同的情況幾乎不可能發生。

ROE 和 **ROA** 都可以透過比率來進行分析，內容會在後面詳述。
只要使用比率，比較起來就會變得更容易。

「ROE」是指如何有效利用股東權益？

ROE（Return On Equity）又稱股東權益報酬率，是用來表示如何有效運用股東權益的指標，計算公式為「各利潤額／自有資本 ×100」。

分子廣義上包括銷貨毛利等5種利潤，但本期淨利代表對股東的報酬程度，因為本期淨利是最終的利潤，是股東應得的份額。

分子是利潤，所以比率越大，代表對投資人的貢獻度越大。本期淨利是分子，據說超過8%就是優良企業。

不過，自有資本占總資本的比例，也就是自有資本比率越小，比率就越大；換言之，當資金籌措來源是依靠借入資本的貸款時，也會出現比率變大的缺點。

P/L	
銷貨毛利	ＸＸＸ
營業收入	ＸＸＸ
經常利益	ＸＸＸ
本期稅前淨利	ＸＸＸ
本期淨利	ＸＸＸ

B/S

	籌措資源
	負債 借入資本
	淨資產 自有資本

各利潤額
―――――   ← 如何有效利用股東權益!!
自有資本   通常是將本期淨利當成分子。

B/S

	籌措資源
	負債 借入資本	多
	淨資產 自有資本	少

一旦資金籌措來源
是依靠借入資本，
比率就會變大!!

「ROA」是指利用總資產獲得了多少利潤？

ROA（Return on Assets）為資產報酬率，這是表示公司利用擁有的總資產能夠獲得多少利潤的指標。

計算公式為「各利潤額／總資產 × 100」，廣義上和 ROE 一樣都包含 5 種利潤。

不過，ROA 分子中的利潤，通常是指本期淨利。

前面提到過，資產負債表的右邊明確地顯示資金是從何處籌措而來，也就是籌措來源（自有資本＋借入資本）；反之，左邊則明確地顯示如何運用籌措而來的資金，也就是運用狀態。

右邊的總額是籌措來源，左邊的總額是運用狀態，兩邊都相等。

右邊可以看到包括自有資本和借入資本在內的資金籌措來源，利用這些資金能夠獲得多少利潤的指標。

左邊可以看到運用狀態，也就是利用總資產能夠獲得多少利潤的指標。

ROA 可說是從綜合的角度來反映企業收益性的指標。

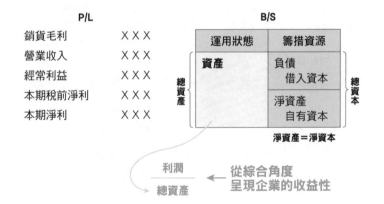

「ROE」和「ROA」有何區別？

ROE是 Return On Equity 的英文縮寫，其中的 Equity 是淨資產的意思。

ROA是 Return On Assets 的英文縮寫，其中的 Assets 是資產（這裡是總資產）的意思。

ROE 和 ROA 非常相似，**兩者都是使用資產負債表的數值當成分母，損益表的數值當成分子，從綜合的角度判斷公司的狀況**。不同之處在於公式的分母，**分母為自有資本（淨資產）的是 ROE，總資產的是 ROA**。

ROE 是對投資的報酬，可以用來比較不同行業的企業；相反地，ROA 的標準視行業而異，因此不適合用來比較不同行業的企業。

ROE 表示使用自有資本，也就是從股東那裡籌措而來的資本，能夠創造多少利潤。這個指標是投資報酬率的判斷標準，所以受到投資人和股東的重視。

ROA 是表示利用總資產能夠創造多少利潤的指標，是從綜合的角度判斷經營效率的資料，所以受到經營者或債權人等人的重視。

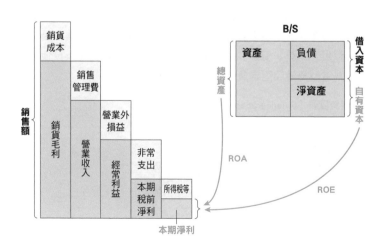

「流動比率」和「速動比率」
有何區別？

　　遠足要到回家才算結束。商業交易也是一樣，簽訂合約不代表業務結束，**業務要到收回款項才算結束**。無論拿到多少工作，創造多少億的銷售額，如果收不回款項，一點意義也沒有。不僅沒有意義，如果商品拿不回來，還會損失相應的金額。

　　為了避免遭受如此重大損失，必須事先調查一下客戶的還款能力。俗話說得好：「未雨綢繆，有備無患」只要了解客戶的支付能力，便能放心地進行交易，況且也有短短三分鐘就能知道的分析方法，這裡要確認的是客戶的資產負債表。大家還記得前面提到的流動資產和流動負債嗎？忘記的人請翻回第 2 章的 02、03 節（參照 50〜57 頁）再確認一下吧。

　　作為參考，資產負債表如下所示，分為資產科目、負債科目、淨資產科目。另外，資產科目又分為流動資產和固定資產，負債科目又分為流動負債和固定負債。

資產負債表（Balance Sheet）

資產科目		負債科目	
I（流動資產）		I（流動負債）	
現金及存款	1,000	應付帳款	1,000
應收帳款	2,000	短期應付貸款	2,000
應收票據	1,000	II（固定負債）	
商品	2,000	長期應付貸款	6,000
II（固定資產）		淨資產科目	
建築物	1,000		
土地	2,000	資本金	1,000
長期應收貸款	1,000		
資產合計	10,000	（負債、淨資產）合計	10,000

流動比率是指流動資產
在一年內償還資金的支付能力

資產負債表左邊的資產科目分為「**流動資產**」和「**固定資產**」。

流動資產是指現金、支票存款、應收票據等現金或一年內可以變現的資產。

另一方面，固定資產是指建築物、土地、長期應收貸款等超過一年才能變現，或不打算變現的東西。辦公室的建築物是為了經營事業而建造的，業務用車是為了拜訪商業夥伴和客戶而購買的，這些東西不是為了變現才持有。

另外，同樣是應收貸款，預定在一年內償還的貸款會以「短期應收貸款」列入流動資產科目，預計超過一年回收的貸款會以「長期應收貸款」列入固定資產科目。即使同樣是應收貸款，也會根據回收期限不同，而列在不同的地方。

資產負債表右邊的負債科目分為「流動負債」和「固定負債」。

這也是以一年為基準，一年內要償還的債務屬於流動負債，超過一年才需償還的債務屬於固定負債。

像應付貸款和應收貸款一樣，需在一年內償還的應付貸款以短期應付貸款列入流動負債，超過一年的貸款以長期應收貸款列入固定負債。

只要弄清楚流動項目和固定項目，就能了解短期的支付能力。

換言之，就是用流動資產來支付必須在一年內償還流動負債（支付義務）的能力。

如果流動負債超過流動資產，就表示這家公司有資金上的風險。

速動比率是指速動資產
在一年內償還資金的支付能力

　　流動資產的金額超過流動負債的金額，理論上就有償還能力。但是，流動負債幾乎都是需要在一年以內償還的金額，而流動資產則包含了變現可能性較低的東西，例如商品或產品。雖然這些是為了銷售而購買或製造的東西，但未必都能在一年內賣出去。

　　速動資產就是流動資產中的現金以及能夠在短時間內變現的特殊資產。

　　速動比率是速動資產對應流動負債的比率。

　　速動資產除了現金之外，還包括活期存款、支票存款這類一年內可以提出的存款、應收帳款、應收票據、未收帳款、以買賣為目的的有價證券、一年內到期的債權等。

　　不過，即使是有價證券，也不包括以長期持有為目的的有價證券及短期內不能買賣的有價證券。

　　在流動資產中，透過與容易變現的資產相比較，也可以更加確保安全性。

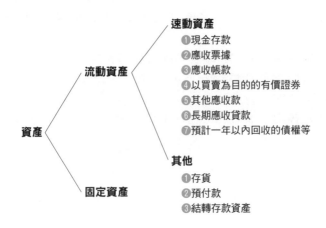

「流動比率」和「速動比率」
有何區別？

　　這兩種比率都可以從資產負債表中看出公司的財務安全性（健全性）。

　　流動比率為「流動資產／流動負債×100」（一般認為流動資產最好超過流動負債的1.5倍，也就是150％以上），經濟產業省的官網上有中小企業的流動比率和製造、批發、零售等各行業的流動比率，大家不妨參考一下。

　　速動比率是以「速動資產／流動負債×100」來計算。

　　通常只要超過100％，就代表相對安全。

　　以220頁的資產負債表為例，兩種比率的計算如下：

　　・流動比率＝6,000／3,000×100＝200％
　　・速動比率＝4,000／3,000×100＝133.3％

　　速動資產的分子（現金及存款、應收帳款、應收票據）兩種分析都是用比率計算，但如果除了比率之外再計算金額的話，準確度會更高。打個比方，資本額1,000億元的大企業和資本額100萬元的鄉鎮豆腐店，就算流動比率相同，金額也天差地遠。

　　流動比率同樣是98％，大企業的流動資產可能還差流動負債10億元，而豆腐店可能只差10萬元。

　　儘管比率相同，但我想10萬元的金額應該還能設法解決吧。

　　在判斷「該不該和這家公司進行信用交易？」的時候，不妨檢視一下流動比率和速動比率來確認這家公司的安全性。只要花三分鐘就能了解公司的危機狀況。

　　事業能否維持下去，關鍵在於公司是否有錢可以還債。即使獲利再高，還不出債也會倒閉；反之，即使沒有獲利，只要能透過增資、投資、融資等方式籌措到資金，公司就可以繼續經營下去。

「生產性分析」和「成長性分析」有何區別？

在職業棒球界，各球團的經營方針和組建球隊的方式各有不同。有些球團會以天價簽下現役的大聯盟球員，其中有些選手一直待在二軍，遲遲無法升上一軍，或者一年後便返回美國，表現完全不符當初的身價。

有些球團擁有好幾個很會轟全壘打的打者，守備位置卻重疊，導致沒有上場守備的選手只能擔任替補。有些球團只找左打者，導致右打者不足，這些情況都會造成投入的資金與球隊的戰績不成正比，這樣的戰略顯然稱不上很有效率。

另一方面，也有球團善於利用現有的人才，比如防守出色的選手、腳程很快的選手、對左投手很有一套的強打者等，即便球團的總年薪不高，也能取得不錯的戰績，這就是我們常說的物超所值。

企業也是一樣。如果把選手比喻為員工，冠軍比喻為獲利的話，為了生產產品，企業必須充分運用員工的能力，以獲得更多的利潤（冠軍）。此外，與已經過了顛峰期的選手續約，也不知道能不能再次複製本賽季的好成績。持續讓年輕選手上場磨鍊，日後也有可能成長為看板選手。

企業為了持續發展也必須有所成長，員工必須能夠做出與加薪相當甚至超出加薪的成果，如此才能促進企業的成長。

職棒的例子可以替換成企業的**生產性**和**成長性**。

「生產性分析」是指
投入資源創造多少成果的分析

生產性是指有效利用企業的生產要素所獲得的成果。

生產要素是指勞動力和資本，簡單來說就是員工人數、（有形）固定資產等。

成果是指創造出來的東西，例如收益、利潤或附加價值；換言之，生產性是有效運用員工或固定資產，創造出多少銷售額或附加價值的程度。例如A公司有10名員工，每天平均銷售100件商品，B公司有20名員工，每天平均銷售140件同樣的商品。員工是企業的生產要素，銷售的商品是成果。A公司用10個人創造100件商品，所以生產性為10（100件商品／10人）。

另一方面，B公司用20個人創造140件商品，所以生產性為7（140件商品／20人）。從結果來看，A公司的生產性更高。

分析生產性的方法有很多。

我們也可以根據損益表上記載的銷售額和各項利潤，除以行政人員、業務人員、技術人員等員工人數，來計算出生產性。

勞動（人）的生產性

每位員工的銷售額	＝銷售額／總員工數
每位業務的銷售額	＝銷售額／業務人數
每位員工的經常利益	＝經常利益／總員工數
每位業務的銷貨毛利	＝銷貨毛利／業務人數
每位員工的總資本	＝總資本／總員工數

分子是銷售額和利潤，金額越大，代表經營的效率越高。也可以和上期或上上期進行比較，或者設定下期的目標。只要知道其他公司的員工人數，也可以進行比較。

除了員工人數之外，也可以用銷售額除以有形固定資產，來分析設備投資效率（銷售額／有形固定資產）。

「成長性分析」是指利用複數年資料來分析成長的程度

　　成長性分析顧名思義，就是分析企業成長了多少？因為哪些因素而成長？分析這些結果，可以幫助我們判斷未來經營擴大的程度、業績的提升和成長的潛力。

　　企業的成長性似乎只要檢視損益表上的銷售額和利潤就能看得出來，但分析成長性需要多年的資料。舉例來說，光測量今年的身高和體重，應該無法分析成長多少吧？只有和上一年以前的資料做比較，才能分析是否有所成長。企業也是一樣，往往需要比較兩個會計期間以上的資料。

10歲　11歲　12歲　　上國中後迅速成長!!

　　分析成長性的比率有成長率和增減率。

　　成長率是用類似「本期實績值／上期實績值×100」這樣的公式計算出來的。分子是本期的實績值，如果成長率超過100％就代表是正成長，低於100％代表負成長。

　　增減率是用類似「（本期實績值－上期實績值）／上期實績值×100」這樣的公式計算出來的。用這個公式計算出來的增減率也一樣，正數是增加率，負數是減少率。

　　成長性分析中最具代表性的就是「銷售額增加率」，這是判斷本期銷售額比起上期銷售額成長多少的標準。

　　銷售額增加率＝（本期銷售額－上期銷售額）／上期銷售額×100

　　當然，如果比上期成長就是正數，比上期衰退就是負數。

「生產性分析」和「成長性分析」有何區別？

前面結合職棒的例子，向大家介紹了生產性分析和成長性分析。生產性分析是分析投入的經營資源能夠創造出多少成果，經營資源是指人員、物品、資金，也就是員工或設備等企業現有的經營資源是否得到有效利用，如何以最少的勞力來獲取最大的利潤。例如每位員工的銷售額＝銷售額／總員工數，如果每位員工的銷售額偏低，就代表公司的經營陷入危機。

如果採取裁員的方式，減少作為分母的員工人數，數值就會上升。

但是，假如公司員工就像一家人，沒想過要裁員。

這時候你會怎麼做？

- 提升員工的能力。
- 減少行政工作，將人力分配到業務部。
- 減少不必要的會議，增加拜訪客戶的時間。
- 撤掉虧損的部門和商品。
- 致力於暢銷商品的銷售。

這些方法可以避免裁員，提高生產性。

成長性分析是指分析企業成長多少，觀察未來成長可能性的方法。

為了知道成長多少，需要兩期以上的資料。

球隊也好，企業也好，選手和員工的成長都非常重要。如果能夠成長為成果與年薪或加薪相當，甚至超越這些價值的人才，就能推動球隊和企業成長。

增收增益的公司可以說正在成長，因此分析增收率和增益率達到多少，對於制定未來戰略也非常重要。

CHAPTER 7

不了解
企業會計準則！

企業會計準則是會計的規則。這是從會計
實務和慣例中，整理出一般公認公正合理
的標準。這個準則是在1949年（昭和24
年），由當時還是大藏省的財務省公布。
雖然是會計的大原則和原理原則，但大部
分的商務人士，甚至會計人員都沒有意
識到它的存在。本章將介紹企業會計準
則中被視為最高準則的一般原則。「平時
無意間遵守的那些規則，原來是出自這裡
嗎？」希望大家能有這樣的新發現。

「絕對真實」和「相對真實」有何區別？
（根據真實性原則）

　　企業會計準則是會計中必須遵守的標準，就像是國民要遵守的法律規則一樣。

　　企業會計準則是由一般原則、損益表原則、資產負債表原則組成的正文，以及對這些原則進行補充的註解所構成。

　　一般原則屬於道德、總括性的原則，相當於法律上的憲法（我個人認為）。

　　例如，適用刑法、民法、公司法等法律的情況。傷害事件適用刑法，夫妻之間的糾紛適用民法，公司利害關係人的糾紛適用公司法，這些都不需要特別的知識就能理解。如果自己遇到這些麻煩，可以透過查詢這些法律或諮詢律師等方式來解決，但「知情權」、「思想及良心的自由」、「生存權」等憲法上的解釋，往往都沒有意識到。理解損益表原則、資產負債表原則這些企業應該遵守的會計處理原則，卻不知道一般原則的經營者和會計人員應該不在少數。

　　一般原則・一. 真實性原則

　　一般原則・二. 正規簿記原則

　　一般原則・三. 資本交易與損益交易區分原則

　　一般原則・四. 明瞭性原則

　　一般原則・五. 持續性原則

　　一般原則・六. 保守主義原則

　　一般原則・七. 單一性原則

　　一般原則包括以上七項！堪稱會計七神。

　　本章將向大家介紹這七大原則。

絕對真實是指獨一無二
正確的只有一個

一般原則・一

> 企業會計必須提供關於企業的財務狀況和經營績效的真實報告。

真實性原則是一般原則中的第一項，可以說是最高原則。

真實性原則是指，所有的紀錄和計算都要適當進行，將財務狀況和經營績效記載在財務報表上，要求提供真實報告的原則。

下面讓我們分別說明這句話各個詞語的含義。

「所有的記錄」是指資產、負債、淨資產、收入、費用的增減交易記錄。

「適當」是指必須按照在分錄帳上做分錄，轉記在總分類帳上等一連串的簿記程序，計算出正確的金額，並適當地做記錄。

「財務狀況～」是指在資產負債表上記載資產、負債、淨資產。

「經營績效～」是指在損益表上記載收入、費用、利潤。

也就是說，要將交易記錄在各個帳簿以及財務報表上，向利害關係人提供真實的報告。

到第6章為止不斷向大家說明的簿記一連串程序……其實正是一般原則的王者「真實性原則」所要求的內容。

這裡有一個問題，那就是真實報告的「真實含義」。

真實分為「絕對真實」和「相對真實」。

所謂絕對真實，用名偵探柯南的說法，就是「真相只有一個」，例如1＋1只有2這個絕對唯一的值。

企業會計準則的構成

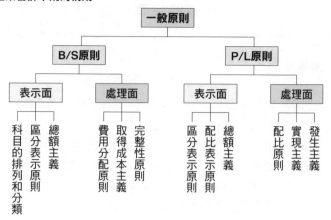

損益表原則和資產負債表原則中的表示面是外觀的規則，處理面是計算的規則。

發生主義和實現主義是後述的「保守主義原則」，配比原則在110頁介紹過了。

區分表示原則是指要明確區分銷貨收入和銷貨成本、營業外收入和營業外支出、流動資產和固定資產等。

完整性原則要求在資產負債表日（結算日）記載所有的資產、負債、淨資產，並正確地向利害關係人呈現。

相對真實是指正確的答案不只有一個

世界上只有「1＋1＝2」這個答案嗎？

用阿拉伯數字的「2」、漢字的「二」、羅馬字的「II」來表示都可以。

換言之，相對真實是指正確的答案不只有一個的意思。

說句題外話，妙德山泉福寺前住持無着成恭先生，曾在日本講演新聞說過這樣的故事。

『「2＋2」是「4」，「2×2」也是「4」，但這兩個「4」都是同樣的「4」嗎？

又或者是不同的「4」？

加法只能用相同的東西相加。兩顆蘋果加起來還是蘋果，所以兩顆蘋果加在一起，就變成了「四顆蘋果」。

相反地，乘法並不是用兩顆蘋果乘以兩顆蘋果，因為要分別給兩個孩子兩顆蘋果，所以才用乘法計算。

答案是「為了分別給兩個孩子兩顆蘋果，才需要四顆蘋果」』（日本講演新聞2021.6.21）

同樣是「4」，卻不盡相同。

若能放下「應該是這樣」的固定觀念，思考「怎樣做都可以」的話，這個世界就會變得更容易生存吧！

那麼，在會計的世界裡，「絕對真實」和「相對真實」有什麼區別呢？

採用的是哪一種呢？

「絕對真實」和「相對真實」
有何區別？

絕對真實就像1＋1＝2一樣獨一無二，正確的答案只有一個。

相對真實是指正確的答案不止一個，有很多選擇的可能性。

會計世界中採用的是「相對真實」，原因有三點。

第一點是最好的方法會隨著時代而變化。

稅法和會計處理會根據社會狀況而每天修改。

例如，以前的折舊方法是以剩餘的殘值為主流，殘值是指耐用年限過後仍殘留下來的價值。但是，開了20年的車子，價值連購置成本的5～10％都不到，就連報廢都要花錢，所以現在便維持在價值只剩下1元的狀態。

第二點與結算有關。因為有結算這段期間，有時會進行預估或暫時計算，事後必須進行修正，所以無法成為絕對真實。例如，建築業的收益確認標準中有完工標準和進度標準，完工標準是在工程完成並交付給發包人的時候才認列銷貨收入，由於這種情況下已經確定，因此幾乎沒有預測的計算；另一方面，進度標準是在跨越2期以上的長期承包工程中，根據工程進度來計算收益。當然，因為工程尚未結束，收入和費用都要按照預估來計算。

最後，折舊的方法有定額法和定率法、產量比例法和級數法，商品交易有三分法、分記法、總記法等，這些都可以根據公司的實際狀況來做選擇；換言之，選擇方法不同，金額也會有所變動，無法成為絕對真實。

結論 !!

「真實報告」中的「真實」是「請根據公司的實際狀況，在容許範圍內提供真實報告」的意思。

「損益法」和「財產法」有何區別？

（根據正規簿記原則）

一般原則・二

> 企業會計必須按照正規簿記原則，對所有的交易製作正確的會計帳簿。

「所有的交易」是指對資產、負債、淨資產、收入、費用造成增減變化的交易。

「會計帳簿」是指分錄帳和總分類帳這類作為製作財務報表基礎的帳簿。

也就是說，企業的各方利害關係人要求將簿記上的交易全都記錄在分錄帳和總分類帳上，並根據這些會計帳簿製作財務報表。

那麼，什麼是「正確的會計帳簿」？

這裡所說的正確的會計帳簿，需滿足

①網羅性
②可驗證性
③有序性

等要件，後面會說明這三個要件。

另外，「正規簿記原則」也是進行青色申告的要件之一。

青色申告和白色申告有何區別？

日本申報所得稅有青色申告和白色申告兩種方式。

青色申告有很多好處，例如有最高65萬日圓的扣除額，結轉的淨損失（赤字）可以和隔年的盈餘抵消，還有折舊的特例等等。

只有滿足下列三個要件的人才能進行青色申告。

①有不動產所得、事業所得、山林所得的人

②已提交青色申告承認申請書的人

③透過正規簿記製作帳簿的人

「正規簿記原則」也適用於個人申報的會計帳簿，我猜知道這一點的自營作業者應該不多。

損益法是用收入減去費用
來計算出利潤的方法

期間利益的計算方法有損益法和財產法兩種，這裡的期間是指「會計期間」。損益法是根據分錄帳或總分類帳，從一定期間的收入減去與之對應的費用，計算出一定期間的利潤的方法。

簡單來說，就是**損益表中的利潤計算方法**。

損益法的優點是透過**複式簿記**的會計帳簿來計算利潤，因此可以**清楚地看出產生利潤的原因**。

想像一下總分類帳就容易理解多了，總分類帳的每一頁都記載著收入和費用的產生原因（銷售額、利息收入、進貨、薪資增減……）。

缺點是只記錄在帳簿上，沒有經過實地調查，所以**無法呈現利潤的財產依據**。

例如，付了1萬元給過來收水費的人，卻忘了在帳簿上記錄；總分類帳上的現金科目餘額是3萬元，但保險箱裡只有2萬元，實際少了1萬元……這些事情光看帳簿的紀錄是無法發現的。

損益法

總分類帳

薪水	
100,000	2,000
100,000	

水電瓦斯費	
15,000	
12,000	

現金	
50,000	60,000
40,000	
	30,000

保險箱

產生原因一目了然 !!

不一致 !! 沒有財產依據 !!

財產法是用期末淨財產額減去期初淨財產額
來計算出利潤的方法

　　財產法是在會計年度的第一天，也就是期初時，對資產和負債進行實地調查，會計年度的最後一天，也就是期末時，再度進行實地調查。

　　這是用期末淨財產額減去期初淨財產額來計算一定期間的利潤的方法。

　　財產法的優點在於，由於是實地調查，利潤有財產依據，無論是遺失或遭竊，最終都會在實地調查後反映在利潤上。

　　缺點在於不是根據會計帳簿，因此完全不知道利潤產生的原因，只能透過財產比期初增加（或減少）這個結果來掌握利潤。

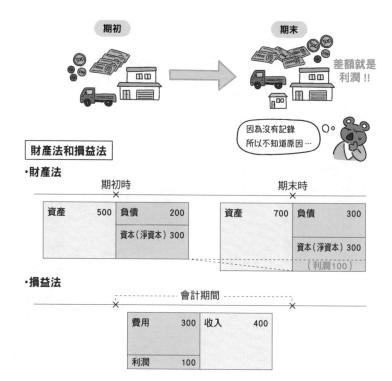

期初　　　　　　　　　　　　　　期末

差額就是利潤!!

因為沒有記錄所以不知道原因…

財產法和損益法

・財產法

期初時				期末時		
資產	500	負債	200	資產	700	負債　　300
		資本（淨資本）300				資本（淨資本）300
						（利潤100）

・損益法

會計期間

費用	300	收入	400
利潤	100		

「損益法」和「財產法」有何區別？

損益法是根據帳簿計算利潤的方法

財產法是根據實地調查計算利潤的方法

你可能會想「有公司會用財產法計算利潤嗎？」但其實財產法是一開始計算利潤的方法。

現在的會計是以存續企業為前提，存續企業是指「迫不得已才倒閉，沒有打算結束經營的企業」。臨時企業與存續企業相反，臨時企業只做完一次性的專案後便解散，一個事業做完就結束，典型的例子就是中世紀義大利商人的地中海貿易。當時航海結束後，商人會對財產進行實地調查，進行分配後便解散。町內會舉辦的盂蘭盆會舞蹈，或者家長教師聯誼會舉辦的活動等，儘管不是企業，但在籌措資金的專案結束後也會解散。

現在的企業會計中，正規的簿記原則明訂「企業會計必須遵循正規的簿記原則，製作正確的會計帳簿」正確的會計帳簿需滿足①網羅性②可驗證性③有序性等要件。

①網羅性是指所有交易都有記錄下來。也就是說，應該記錄在會計帳簿上的事實都毫無遺漏地記錄下來，例如有200萬元的收入卻沒有認列就不合乎規範。

②可驗證性是指交易事實基於可驗證的證明文件，例如送貨單、帳單、收據這類交易憑證。

③有序性是指所有記錄都按照持續、有組織的方式系統化，也就是按照交易⇒分錄⇒總分類帳⇒財務報表這樣的流程進行。

滿足這三項要件的就是複式簿記。正規的簿記原則是在進行複式簿記的過程中「需使用損益法」，這麼回答只能拿到80分。

正確答案是以損益法計算期間利潤為中心，在月底或期末（根據財產法）的實地調查進行補充。

「資本交易」和「利潤交易」有何區別？
（根據資本交易和損益交易區分原則）

一般原則・三

> 要明確區分資本交易和損益交易，尤其資本公積和保留盈餘更不能混淆。

另外，註解中對於資本交易和損益交易還有以下的補充。

註解2（1）

> 資本公積是資本交易產生的盈餘，保留盈餘是損益交易產生的盈餘，也就是利潤的保留額，如果兩者混淆的話，企業的財務狀況和經營績效就無法正確地呈現出來。例如，不允許從新股發行而產生的股票溢價中扣除新股發行費用。

舉例來說，假設帶1萬元去柏青哥店玩。

結果贏了2萬元（身上總共有3萬元）。

1萬元是本金，2萬元是利潤。

之後跑去喝酒慶祝一番。

如果花2萬元來慶祝，只用掉利潤，如果花了2萬3千元，就動用到3,000元的本金，也就是資本。

這裡要告訴大家的是，**如果沒有將淨資產科目中的本金（資本）和利潤（損益）好好區分的話，事情就大條了。**

資本交易是本金本身的增減交易

資本交易是指**本金，也就是資本金本身的增減交易**。

本金增加或減少的交易包括出資、增資、減資等。

出資是指投資人提供資金的援助。因為不是貸款，接受出資的企業**沒有償還的義務**，可以獲得**穩定的資金**。

請看下面的圖。例如，收到10,000元的出資，存入支票存款時，像❶一樣認列。（資本金增加，支票存款同時增加。）

B/S

資產科目		負債科目	
❶ 支票存款	10,000		
❸	▲2,000	**淨資產科目**	
⎧ 車輛運輸工具	100	資本金	10,000 ❶
❷ ⎨ 機械裝置	400		1,500 ❷
⎩ 土地	1,000		▲2,000 ❸

出資也有金錢以外的出資，此稱為**實物出資**。汽車、不動產、有價證券、機械、電腦等「物品」都可以作為出資，如果是汽車100元、機械400元、土地1,000元的實物出資，就按照❷的方式認列。

增資顧名思義就是增加資本金，是公司成立後追加出資的情況。

減資與增資相反，顧名思義就是減少資本金。減資2,000元的時候，以❸的方式認列。

以上是淨資產科目中**對資本金造成增減變化的交易**。

損益交易是收入、費用的增減交易

　　損益交易是指收入、費用增加或減少的交易。收入減去費用，如果是正數就是利潤，如果是負數就是損失。損益交易的損代表損失，益代表利益。

・損益交易

❶產生（增加）收益　商品銷售

　　應收帳款　　　1,000　　／　　銷貨收入　　　1,000

❷取消（減少）收入　銷售商品退貨

　　銷貨收入　　　100　　／　　應收帳款　　　100

❸產生（增加）費用　商品進貨

　　進　貨　　　　600　　／　　應付帳款　　　600

❹取消（減少）費用　進貨商品退貨

　　應付帳款　　　50　　／　　進　貨　　　　50

　　作為收入的銷貨收入合計900元。作為費用的進貨合計550元。
收入900元－費用550元＝350元的利潤。

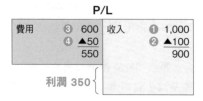

	P/L	
費用 ❸ 600	收入	❶ 1,000
❹ ▲50		❷ ▲100
550		900

利潤 350

> ▶ **增加和產生、減少和取消有何區別？**
>
> 嚴格來說，資產、負債、淨資產的各科目增加就是增加，減少就是減少，收入、費用的各科目，增加叫做產生，減少叫做取消。不過這些只是嚴謹的會計用語，在實務上統一使用增加、減少也沒有問題。

「資本交易」和「損益交易」
有何區別？

資本交易是本金本身的增減交易。

損益交易是收入和費用的增減交易。

如果隨便（我想應該沒有人會隨便亂用）混用的話，會造成很大的麻煩。

在註解2「不允許從新股發行而產生的股票溢價中扣除新股發行費用」這句話中，特別用強硬的語氣強調「不允許」。用分錄來說明這個註解，如下所示。

・**清楚區分資本交易和損益交易的**正確分錄

資本交易

支票存款	2,000	/	資本金	1,000
			股票溢價	1,000

損益交易

新股發行費	100	/	支票存款	100

※股票溢價是資本的增加，新股發行費是費用的產生。

另外，在企業會計準則中是「股價溢價」，在現行制度中是「資本準備金」。

・**資本交易和損益交易混淆的**錯誤分錄

（支票存款）	1,900	/	資本金	1,000
			股票溢價	900
			=資本交易（吃掉資本）	

（新股發行費）　　0
=沒有損益交易（不認列費用）

```
            B/S
        ─────────────────
        淨資產科目
          資本金      1,000
          股票溢價      900  ← 被費用吃掉了 !!
```

資本交易和損益交易相抵消，就會吃掉股票溢價這項資本。

　　由於沒有產生新股發行費這項費用，導致利潤被誇大認列（利潤是以收入－費用來計算，費用較少，利潤就會增加），這部分的金額就會以稅金和股利的形式流出公司外部。

　　如果將資本交易和損益交易混合在一起，就有可能吃掉本應維持的本金，結果就是盈餘的股息導致資本流出公司外部。

　　就像註解2中說的「不允許」一樣，資本交易和損益交易是維持公司運作時「混合會造成危險！」的交易。

CHAPTER 7

04▶ 讓財務報表更容易閱讀！

「P/L表示」和「B/S表示」有何區別？

（根據明瞭性原則）

一般原則・四

> 企業會計應該根據財務報表，清楚地將必要的會計事實呈現給利害關係人，避免讓他們對企業的狀況產生錯誤的判斷。

一般原則・四用簡單的話來說，財務報表是投資人、債權人、消費者等各種利害關係人所使用。

利害關係人當中也有不熟悉會計的人，為了方便這些人閱讀，因此出現把財務報表做得清晰、易懂、容易理解的需求，這是從報告的角度保證真實性原則的一種方式。

此外，在企業會計準則中，損益表原則和資產負債表原則分別定義如下。

企業會計準則
第二　損益表原則（損益表的本質）

> 費用和收入按總額記錄為原則，不得透過費用項目和收益項目直接抵消的方式而將全部或部分從損益表中刪除。

損益表如果只顯示收入減去費用所得到的利潤（或損失），就無法將利潤（損失）認列進去的原因以淺顯易懂的方式傳達給利害關係人，所以不能相互抵消。

例如，A公司租借土地，每年支付100元的地租費用，同時A公司又把建築物租出去，獲得70元的房租收入。在這種情況下，不得將費用項目和收入項目直接抵消，在損益表上認列費用30元。

第三　資產負債表原則（資產負債表的本質）

> 資產、負債和資本按總額記錄為原則，不得透過資產項目和負債或資本項目抵消的方式，而將其全部或部分從資產負債表中刪除。

　　資產負債表也是如此，如果將應收票據和應付票據這類資產和負債抵消顯示，就無法掌握財務規模。例如，大企業有100億元的應收票據及100億100萬元的應付票據，鎮上的豆腐店有10萬元的應收票據及110萬元的應付票據，抵消後兩者都是100萬元的應付票據（負債），這樣的話就看不出規模了吧。

　　下面的資產負債表將在248頁詳細介紹。

資產負債表

公司名 — A商品　　會計期末 — 202X年〇月〇日為止　　單位 — （單位：元）

資產科目		金　額	負債及淨資產科目	金　額
現金		3,000	應付帳款	2,000
應收帳款		5,000	應付貸款	4,000
			未收帳款	1,000
商品		1,000		
建築物	9,000		資本金	12,000
累計折舊額	6,000	3,000	本期淨利	3,000
土地		10,000		
		22,000		22,000

B/S

左邊		右邊	
建築物	9,000	累計折舊額	6,000

只看這裡會誤以為是產生9,000元價值的建築物!!

「P/L表示」是以淺顯易懂的方式
將經營績效呈現給利害關係人

分錄帳和總分類帳是財務報表的基本帳簿，是用現金、應付貸款、資本金、銷貨收入、進貨等會計科目來記錄。

那麼，我們是否能以記錄時使用的會計科目來製作財務報表呢？其實答案不一定。

用來揭露企業狀況的財務報表，會看的人未必熟悉會計，因此必須盡量用簡單易懂的方式來表示。

從統一性的角度來看，公司名、會計期間、金額單位一定要明確。

從表示面的角度來看，內部資料的帳簿上記錄為銷售額，但給利害關係人確認的損益表上以銷貨收入來表示。

進貨以銷貨成本來表示。

比起銷售額和進貨，銷貨收入和銷貨成本的對應比較明確，也更容易理解。

利潤是記錄在帳簿上的資本金科目中，不熟悉會計的人看到會誤以為是本金。

記錄在資本金科目的利潤，以本期淨利來表示。

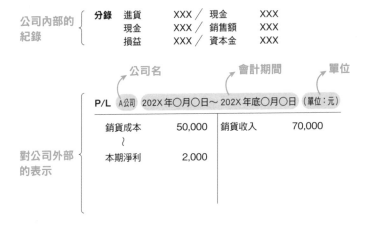

公司內部的紀錄

分錄	進貨	XXX	/	現金	XXX
	現金	XXX	/	銷售額	XXX
	損益	XXX	/	資本金	XXX

公司名　　　　會計期間　　　　單位

P/L A公司 202X年〇月〇日～ 202X年底〇月〇日 （單位：元）

對公司外部的表示

銷貨成本	50,000	銷貨收入	70,000
本期淨利	2,000		

「B/S表示」是以淺顯易懂的方式
將財務狀態呈現給利害關係人

資產負債表和損益表一樣，都是重要的報告書。閱讀下面的內容時，請參考246頁的資產負債表。

為了讓企業的各方利害關係人盡量容易理解，將表示的科目和位置改變一下。

從統一性的角度來看，公司名、會計期間、金額單位一定要明確。

資產一定放在左邊，負債和淨資產一定放在右邊。

為了使用容易理解的表示科目，我們用商品來表示記錄在帳簿上的結轉商品，資本金中的利潤額分為資本金和本期淨利來表示。

關於顯示的位置，記錄在帳簿右邊的累計折舊額，以負數顯示在左邊，建築物的金額是取得時的金額，隨著時間經過而減少的價值是累計折舊額。

公司內部管理的主要帳簿中，建築物記錄在左邊，累計折舊額記錄在右邊。

在向公司外部報告的資產負債表上顯示的時候，如果在資產科目（左）顯示建築物9,000元，在負債科目（右）顯示累計折舊額6,000元的話，這樣就看不出來了。說不定有債權人看到公司擁有一棟價值9,000元的建築物，因而願意借給公司5,000元，其實建築物的購置成本是9,000元，價值減少6,000元，現在的價值只剩下3,000元。

有些債權人可能不會注意到右邊有價值減少的累計折舊額，所以在認列資產負債表的時候，我們將顯示的位置改到左邊，從建築物的購置成本中扣除，以反映現在的價值。

「P/L 表示」和「B/S 表示」
有何區別？

　　損益表反映經營績效，資產負債表反映財務狀況，這是兩者的不同之處，但都是為了讓企業的各方利害關係人方便閱讀、理解和計算而想出來的做法，改變記錄在帳簿上的科目和顯示科目也是其中之一。

　　為了讓所有人都能輕鬆看懂，也在各方面下了很多功夫。

①完全揭露

　　原則上要完全揭露企業的狀況，簡單來說就是將資產、負債、淨資產、收入、費用全都計錄在財務報表上。因此，我們必須在分錄帳上做分錄，轉記到總分類帳上，顯示各會計科目的餘額。

　　無論公司規模大小，都必須製作和保存分錄帳和總分類帳，這就是完整記錄所有交易的這兩個帳簿是主要帳簿的原因。

②概觀性和詳細性

　　財務資訊根據重要性，對於不重要的事情要簡化（概括性），重要的事情要詳細（詳細性），在兩者之間取得平衡。

　　例如，計算每一支鉛筆，把沒用到的鉛筆當作資產，用過的鉛筆當作費用，像這種不重要的小事不需花很長時間嚴格檢視，但對於可能會變成壞帳的債權這類重要的事情要提供詳細的資訊。

③顯示形式的統一性

　　進行財務報表的期間比較時，如果沒有統一性和持續性，財務報表就會讓人很難看懂。例如，今年用平衡表製作，明年用報告書製作，這樣不僅難以閱讀，也不容易進行比較，原則上一旦決定便不再改變。

05 決定持續經營，就會產生各種問題！

「臨時企業」和「存續企業」有何區別？

（根據持續性原則）

一般原則·五

> 企業會計應每期持續適用其處理原則和程序，不得隨意變更。

「真實性原則」中的真實不是絕對真實，而是相對真實。

「只要是受到認可的會計處理，就可以用定額法或定率法來計算折舊，也可以用先進先出法或加權平均法來決定商品的出貨單價，根據公司的情況隨意選擇，不是只用一種方法，可以有多種方法」這就是相對真實。

但是，問題就出在這裡！

那就是企業會利用相對真實來操作利潤，例如「這期可能有獲利，所以用定率法來計算」、「這期沒有獲利，所以用加權平均法來處理」等情況。

另外，如果經營者經常刻意改變會計處理方式，那麼在費用認列較多的會計期間，股東的配息會減少，費用認列較少的會計期間，股東的配息則會增加，出現這種對股東**不公平**的情況，因此在企業會計準則中透過「持續性原則」來防範這種情況。

這項原則規定「**不得隨意變更會計處理**」，也就是說除非有正當的理由，否則一旦採用了某種處理或程序，每次都必須繼續適用。

▶ 公認會計士和稅理士有何區別？

兩者同樣都是會計方面的專家。

公認會計士是審計的專家，稅理士是稅務的專家。

稅理士的專屬業務包括製作稅務文件、代理稅務、提供稅務諮詢，公認會計士的專屬業務是財務報表審計。

簡單來說，交易⇒分錄⇒總分類帳⇒試算表⇒製作財務報表⇒繳納稅金等一系列程序是由稅理士提供協助，製作完成的財務報表是否正確則是由公認會計士負責檢查（當然不僅限於此）。

臨時企業是以
解散為前提成立的公司

現在的企業會計是以存續企業為前提。

存續企業的觀點是以企業未來將無限期地持續經營事業為前提。

「難道有人會以解散為前提來成立公司嗎？」

在現代，大家應該都會這麼想吧。

在「正規簿記原則」的財產法（參照239頁）中曾經提過，從前有過以解散為前提來成立公司的時代。

這樣的企業稱為臨時企業。

在15世紀的義大利威尼斯，有些組織會在專案完成後隨即解散。威尼斯的船員們是根據專案來籌措人力和資金，待航海結束後，將收穫品變現分配給大家，隨後解散組織。

記得當年在高中三年級最後一次的校慶上，我和四個好友決定一起推出販賣水球的攤位。

當時一顆水球的成本是5元。我們進了100顆，以100元的價格賣給學生們（我們自己也是學生）。（100元－5元＝95元，毛利率為95％‼）

花500元進貨的商品，總共賣出1萬元。

差額9,500元由四個人平分，回家路上去一家名叫「西部」的吃到飽烤肉店慶祝，大家盡興一番後便解散了。

說這是「現代版的臨時企業」可能有點誇張，卻是高中時代的一日限定營業，實在是令人懷念的回憶。

威尼斯的船員和當時還是學生的我們，都是以解散為前提做生意，因為只要在解散時分配利潤就好，不需要進行適當的期間損益計算。

由於沒有複雜的處理，因此不需要會計人員、公認會計士和稅理士。

只要以持續經營為前提，會計的世界就會瞬間改變，這點會在下一頁說明。

存續企業是以
存續為前提從事活動的公司

　　現代企業成立的目的是以持續活動為前提，而不是解散。既然是以持續經營為前提，就不能像臨時企業一樣，等到解散時才計算損益。

　　例如，有50年歷史的老字號企業，這家企業不可能等到倒閉才分配50年的利潤吧。

　　必須找個時間點清楚地呈現公司的狀況。

　　潛在的投資人也需要有個時間點看到公司的報告，才有可能成為股東或債權人，否則便無法和同業其他公司相互比較，也不能做期間比較，或者進行管理會計，於是就產生了會計期間，開始按照每個期間進行計算。

　　一旦以存續企業為前提，會計的世界就會發生翻天覆地的變化。

　　臨時企業可以等到解散後再分配利潤，但如果是以持續經營為前提的話，就必須分段進行分配，這就是會計期間出現的原因。有了會計期間，就必須進行適當的期間損益計算；簡單來說，就是分為本期產生的費用和收入，以及下期產生的費用和收入。

　　對商品進行實地盤點，將認列費用的剩餘商品從費用轉為資產。

　　進行折舊計算，在固定資產使用期間適當分配。例如花4億元購買耐用年限47年的建築物，在不進行折舊的情況下，於第47年的會計期間認列建築物拆除損失4億元，這樣很奇怪吧。辦公用品必須分為消耗品（資產）和消耗品費（費用），印花稅票也要分為用品（資產）和租稅公課（費用）。臨時企業只需採用現金主義即可，如果是以持續經營為前提，就要採用發生主義和實現主義。

　　臨時企業只要將剩餘財產平分給所有人就結束了，沒有必要製作帳簿，也不需要分錄帳、總分類帳或各種輔助帳簿。只要是以存續企業為前提，會計的世界就會發生翻天覆地的變化。

「臨時企業」和「存續企業」有何區別？

　　以解散為目的而成立的公司，完全不用理會持續性原則。因為原本就不打算持續經營，只要專案一結束，即分配利潤而後解散。

　　存續企業不是以解散為前提，所以必須在某個時間點計算利潤，每個時間點之間就是會計期間。

　　由於是分段計算，因此如果每次的處理方式都不一樣，就無法進行期間比較，可能會讓股東和債權人感到不公平。

　　除非有什麼正當的理由，否則按照持續性原則，每期都必須持續採用過往的會計處理原則和程序。

　　那麼，什麼是正當的理由呢？

　　適用的情況包括產品或服務的變更、經營組織的變更、經營方針的大規模變更、通貨膨脹等因素導致貨幣價值急劇變動、相關法令的修訂或廢止等。

　　此外，在進行重大變更的時候，財務報表上必須註明「由於○○原因而進行變更」。

▶ 參考：註解3・關於持續性原則

在企業會計中，一個會計事實允許選擇適用兩種以上的會計處理原則或程序時，持續性就會被視為問題。

在這種情況下，如果企業選擇的會計處理原則和程序不能每期都持續適用的話，就會造成同一個會計事實會計算出不同的利潤金額，使財務報表變得難以進行期間比較，進而影響利害關係人對企業的財務內容做出錯誤判斷。

因此，會計處理原則或程序一經採用，除非因為正當理由而進行變更，否則必須在編制財務報表的各個時期繼續適用。

另外，如果有正當的理由，對會計處理原則或程序進行重要變更時，就必須在相關的財務報表中註明。

「現金主義會計」和 「發生主義會計」有何區別？ （根據保守主義原則）

一般原則・六

> 當企業的財務有可能受到不利的影響時，就必須採取適當而健全的
> 會計處理來因應。

公司不會一直處於生意興隆的狀態。

沒人保證會從此一帆風順。

有誰猜得到會踩上新冠疫情，進入 AI 時代？未來充滿各種不確定
性，不能因為本期業績表現出色，就在帳面上過度誇大利潤，導致
下期陷入困境。

「保守主義原則」要求採用保守的會計處理。

保守的會計處理是盡量只認列確定的收入，費用鉅細靡遺地認
列，盡可能控制利潤，防止資金外流的觀點。

用公式來表示會比較容易理解。

收入－費用＝利潤

這表示認列的收入越多，利潤就越高。另外，費用減少，利潤也
會提高。

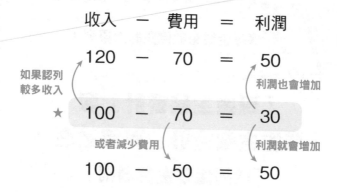

收入 － 費用 ＝ 利潤

120 － 70 ＝ 50

如果認列
較多收入

利潤也會增加

★ 100 － 70 ＝ 30

或者減少費用

利潤就會增加

100 － 50 ＝ 50

　　收入只認列確定的部分，費用則是鉅細靡遺地認列，這樣的話就能控制利潤，保守主義是為了保障企業的安全而存在。

　　具體而言，就是庫存資產的評估標準採用低價標準、折舊費的計算方法採用定率法等等。

　　低價法是指將庫存資產的購置成本與期末市價（淨售價）做比較，以較低價格來評價的方法。由於差額會作為費用認列，因此可以控制利潤。

　　另外，過去允許選擇成本法和低價法，但現行制度是如果淨售價低於購置成本，就以淨售價進行評價。

現金主義會計是根據現金的收入和支出來認列的會計

　　日本是採用實現主義和發生主義會計，作為計算收入和費用等交易（損益交易）的前提。

　　在說明兩者的差異之前，先從現金主義開始介紹。

　　顧名思義，現金主義就是按照現金進出的時間點進行會計處理的方法。

　　例如，用現金2萬元購買了10箱蘋果。（費用2萬元＝現金支出2萬元）

　　10箱蘋果以3萬元的價格販售，收取現金。（收入3萬元＝現金收入3萬元）

　　由於是按照收取和支付現金的時間點認列收益和費用，因此收益＝收入，費用＝支出。

　　現金主義很簡單，只要在收款時認列銷售額（收益），付款時認列進貨（費用）即可。

　　如果有類似存摺和家計簿一樣的現金日記簿，就能掌握損益。

　　收益減去費用得到的利潤，與收入減去支出得到的金額一致，因此利潤就等同公司手上的錢。現金主義的優點在於操作或隱藏資產這類恣意性無法介入，也不會認列沒有資金支持的利潤。

現金日記簿

日期		摘　　　　要	收　　入	支　　出	
2	1	蘋果10箱×＠2,000 從青森商店進貨		20,000	
3	20	蘋果10箱×＠3000 賣給千葉商店	30,000		10,000

　　當年我在準備稅理士考試的時候，也覺得要是採用現金主義會計的話就輕鬆多了。

　　但它在實務上卻有一個最大的缺點。

例如，會計期間4月1日到3月31日。假設2月1日購買2,000萬元的商品，要到三個月後的4月才支付。

如果採取現金主義，支付現金的下一期4月就要認列進貨這項費用。

雖然商品是在本期的會計期間內購買，卻是在下一期的會計期間才認列費用。

另一方面，這些商品在本期的3月20日以3,000萬的價格售出，並收取現金，收入被計入本期。如果只有這兩筆交易，本期和下期的損益表如下所示。

	本期	下期
收入	3,000 萬元	0 元
費用	0 元	2,000 萬元
利潤	3,000 萬元	▲2,000 萬元

對於這筆交易，今年（本期）是3,000萬元的盈餘，明年（下期）是2,000萬元的虧損，很顯然不太對勁吧！

採用現金主義的最大缺點就是無法衡量收入和費用的對應關係。

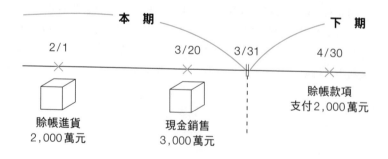

發生主義會計是在費用和收入發生的時間點認列的會計

　　為了解決現金主義無法正確計算損益的缺點，於是採用發生主義會計。

損益表原則‧一之A

> 所有的費用和收益都必須根據其支出和收入認列，並在其發生期間進行正確的分配處理。

　　發生主義會計無論現金收支的事實如何，都會根據費用和收益發生的事實來認列。

　　例如在上一頁的例子中，購買2,000萬元的商品時，也就是在交易發生時（發生主義），就要認列費用。

	本期	下期
收入	3,000 萬元	0 元
費用	2,000 萬元	0 元
費用	1,000 萬元	0 元

　　如此一來就能做出正確的損益計算了。

　　儘管發生主義會計比現金主義會計麻煩，也有可能根據方便任意解釋發生日期，不過採取發生主義可以更適確地反映出經濟活動。

「現金主義會計」和「發生主義會計」 有何區別？

　　現金主義會計的收支計算很簡單。

　　在我小學的時候，學校附近有一家很小間的零食店，我放學回家的途中都會帶著零錢過去消費，我還記得那裡販賣可以模仿大人抽菸的「香菸糖」、從一束線中抽一條就有機會抽中糖果的「拉線糖」、用自來水溶解就能飲用的「粉末果汁」……。

　　如果是當時的零食店，或許現金交易就是適當的期間損益。但是，隨著生意規模逐漸擴大，一旦賒帳交易、票據交易這類事後收付款的系統變得複雜，收入＝收益、支出＝費用的形式就會崩解，採取現金主義會計便難以做出適當的期間損益計算，因此才產生發生主義會計的概念。

　　那麼，這和保守主義原則到底有什麼關係呢？在損益表原則・一之A中有一條但書。

> 所有的費用和收益都必須根據其支出和收入認列，並在發生期間進行正確的分配處理。但是，未實現收益原則上不得認列當期的損益計算。

　　這句話的意思是，在認列收益時，要基於「銷售的實現」。銷售的實現是指除了現金存款、應收票據、賒帳等確定的款項之外，還包括向客戶提供商品或服務的事實（實現主義）。

　　相對於費用是在產生時就認列的發生主義，收益的認列要求採取更嚴謹的實現主義慎重處理。這是為了盡量控制利潤，防止資金外流而遵循的「保守主義原則」處理方式。

CHAPTER 7

07

會計負責人
每年都想抱怨的部分！

「公司法」和「金融商品交易法」有何區別？

（根據單一性原則）

一般原則・七

為了在股東大會提出，或是為了信用、稅務等各種目的，需要製作不同形式的財務報表，這些報表的內容是基於可信賴的會計記錄製作而成，不得因為政策考量而扭曲事實的真實性。

一般原則和100個用語比較也終於介紹到最後了。

我們公司從事的是建築業，需要向稅務署、縣廳、國土交通省、主要銀行、各都道府縣、金融機構、信用調查公司等各種單位提交以資產負債表和損益表為中心的財務報表。

我要在這裡抱怨，每個單位要求的格式都不一樣。

每次到了提交文件的時候，我都在想如果能把提交給稅務署的文件影印給各個利害關係人的話該有多輕鬆啊。想不到最後一個項目竟變成了抱怨。

不知是否聽見這樣的辛苦,「單一性原則」出現了。
單一性原則的重點只有一個。

實質一元形式多元!

　換句話說,可以製作不同格式的財務報表,但最基本的財務報表只有一個,不能有所謂的雙重帳簿,並且要求根據「真實性原則」製作原始帳簿。

▶ 股份公司和有限公司有何區別?

日本在2006年5月實施公司法之後,不能成立有限公司。現有的有限公司可以選擇變更為股份公司,或者保留有限公司的名稱,法律上與股份公司相同對待。

那麼,實施前的有限公司和股份公司有什麼地方不一樣呢?

有限公司需要至少300萬元、股份公司需要至少1,000萬元的資本額,我想應該大部分的日本人都知道這一點。

除此之外,有限公司的員工數在50人以下,董事至少1人,沒有公告結算的義務。

股份公司沒有員工數限制,董事至少3人,有公告結算的義務。

當時,資本額1,000萬元的股份公司較有信譽,給人的印象也比較像大公司。然而,在最低資本額制度遭到廢除、只要1元就能成立股份公司的今天,至少300萬元的資本額,持續經營15年以上的有限公司反而被認為值得信賴。

我的朋友也沒有變更為股份公司,而是繼續以有限公司的名義經營。

公司法的適用對象是所有公司！

實質一元・形式多元。其背景在於，企業的各方利害關係人閱讀財務報表的目的各有不同。

例如，稅務署的目的是計算正確的稅額，金融機構的目的是判斷是否能夠貸款，調查公司的目的是確認是否可以進行信用交易等，由於各自的目的不同，因此必須製作符合各方要求的文件。

而且，規定會計的法律不止一種，而是分為「公司法」、「金融商品交易法」、「稅法」三種，這也有其原因。

公司法是在2006年（平成18年）5月開始實施，在此之前沒有適用於所有公司的規則，而是分散在民法、商法特例法、有限公司法等法律中，統一這些規則的就是公司法。

在公司法實施之前，如果想要創業，股份公司需要至少1,000萬元、有限公司需要至少300萬元的資本額，但實施後只要1元就能創業。

一聽說1元創業，我想應該有不少人會想起「哦～，是指那個時候啊？」

公司法的**適用對象是所有公司**。無論是設立時的相關內容、解散時的必要事項，還是資金籌措等，所有的規則都集中在公司法中。

這是經營者在經營公司時必須知道的法律，同時也有保護公司的各方利害關係人的作用。透過揭露交易所需的資訊，可以保障雙方的權益。

金融商品交易法僅限於上市公司！

　　金融商品交易法是為了保護買賣股票的投資人和促進經濟發展而制定的法律。

　　過去叫做證券交易法，後來在2006年整合金融相關法律時改名。

　　內容包括構築針對投資性強的金融商品的投資人保護法制、擴大揭露制度、應對內線交易等不公平交易等，適用對象僅限於發行股票的上市公司。

　　投資人會參考結算書進行投資決策，因此在三個法律中，這個法律對會計規則規定得最為嚴格。

　　作為參考，稅法包括法人稅、所得稅、消費稅等，大約有50種法律。

　　舉例來說，開車去打高爾夫球，隨後泡溫泉、喝啤酒、抽菸，光是這些行為就牽涉到汽油稅（揮發油稅＋地方揮發油稅）、汽車稅、高爾夫球場利用稅、入湯稅、酒稅、消費稅、香菸稅等各式各樣的稅金。

　　在稅法中，法人稅是根據正確的會計帳簿得到的利潤額計算出來的，所以適用於所有公司（除了公營企業等少數例外）。

總　結

「公司法」和「金融商品交易法」有何區別？

我們已知結算書的種類會根據不同的法律目的而不同，其中資產負債表、損益表、股東權益變動表是必備的表格。

「我們公司沒做現金流量表不要緊嗎？」有這些疑問的人應該恍然大悟了吧，因為公司不是金融商品交易法的適用對象。

	公司法	金融商品交易法	稅法
目的	保障股東和債權人	保障投資人	公平的所得計算
對象	所有公司	公開發行股票的公司	所有公司（以及集團公司）

結算書的種類

計算文件	財務報表	法人稅申告書
資產負債表	資產負債表	資產負債表
損益表	損益表	損益表
股東權益變動表	製造成本明細表	股東權益變動表
個別註記表	股東權益變動表	會計科目明細表
附屬明細表	現金流量表	事業等概況報告書 附屬明細表

本章的最後將一般原則的重點做個總結。

· **真實性原則**……企業必須做出真實的報告。

支撐這個原則的是以下六個原則。

· **正規簿記原則**……製作正確的會計帳簿
· **資本交易和損益交易區分原則**……必須區分資本和利潤

- 明瞭性原則……使財務報表容易閱讀
- 持續性原則……原則和處理方式持續適用
- 保守主義原則……健全的會計處理
- 單一性原則……排除雙重帳簿

▶ 投資人和股東有何區別？

投資人是指以獲利為目的而進行投資的人。
股東是持有股票的人。
投資人如果投資股票就是股東，投資公司債就是債權人。
另外，有時也包括正在考慮投資的潛在投資人。
金融商品交易法的目的就是保護這些包括潛在投資人在內的投資人。

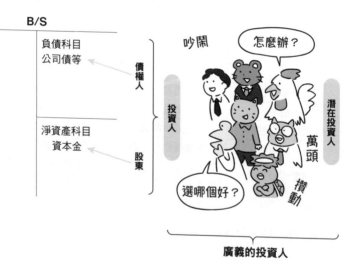

CHAPTER 7 | 不了解企業會計準則！

後記

非常感謝大家能閱讀到最後。

「會計是所有職業都必須掌握的知識」是我的一貫主張。

以建築公司為例，會計自不用說，財務要計算資金週轉情況，人事要考慮配置地點的人事費用，總務要計算社會保險，所以必須具備會計的知識。

以土木和建築為中心的現場負責人要進行成本管理、預算管理、執行預算製作，估算負責人要計算投標金額。

業務要了解客戶是否處於危機狀態、應收帳款是否能回收等經營狀況，而必須掌握會計的知識。

經理以外的管理職也要管理各部門的預算。

即使辭掉工作成為全職主婦（夫），仍然需要會計知識來保護家庭的財產。

當然，製作分錄帳和總分類帳等工作，可以交給專業的會計人員來處理，非會計人員只需要具備閱讀和分析財務報表或內部資料的能力。

如果你是經營者或董事，為了集中精力在經營上面，也可以將會計委託專家處理。但是，自己本身也需要具備基本的會計知識，這樣才聽得懂各個負責人所說的話，從而引導公司往好的方向前進。因為你的使命是做出正確的決策，保護員工及其家人。

我再強調一次，會計是所有職業都必須掌握的知識。如果各個不同立場的人能夠活用這本書，為所有人帶來幫助的話，就是我的榮幸。

最後我要藉此機會向本書出版過程中給予我協助的人表示誠摯的謝意。

KADOKAWA 株式會社的所有人。

我的朋友水野浩一郎先生、篠崎聰先生、渡邊智子女士。在原稿檢查、收集資訊、確認法令、提供意見等方面，非常感謝大家的幫忙；多虧有各位的協助，我才能專心寫作。

精神科醫生兼作家的樺澤紫苑老師，感謝您給我出版方面的精準

建議，讓我獲益匪淺，今後也要請您以心靈導師的身分對我多加提點。

　　在日商簿記三級、二級、一級建設業經理士和稅務士等各種考試中，給予我協助的大原簿記專門學校的各位講師，感謝你們的教導，才讓我能憑藉學到的知識寫出這本書。

　　最後告訴讀完這本書的你。

　　我用對比的方式介紹了容易混淆的會計用語。

　　原來「支票」和「票據」有這樣的差別！

　　就算是賺錢的公司，也不代表可以與其交易！

　　以前不經意使用的利潤，原來有五種類型！

　　從來不知道有邊際利潤這種東西！

　　分成變動成本和固定成本，試著算出收支平衡點銷售額！

　　試著進行收益性、安全性、生產性、成長性的財務分析！

　　若能透過本書發現許多對你有所啟發並想要實踐的內容，那就太好了。

石川和男

KURABETE MARUWAKARI! KAIKEI NO YOGO ZUKAN
© Kazuo Ishikawa 2022
First published in Japan in 2022 by KADOKAWA CORPORATION, Tokyo.
Complex Chinese translation rights arranged with KADOKAWA CORPORATION, Tokyo
through CREEK & RIVER Co., Ltd.

會計術語比較大全
商務人士必知的會計知識

出　　　版／楓葉社文化事業有限公司
地　　　址／新北市板橋區信義路163巷3號10樓
郵 政 劃 撥／19907596　楓書坊文化出版社
網　　　址／www.maplebook.com.tw
電　　　話／02-2957-6096
傳　　　真／02-2957-6435
作　　　者／石川和男
譯　　　者／趙鴻龍
責 任 編 輯／陳鴻銘
內 文 排 版／洪浩剛
港 澳 經 銷／泛華發行代理有限公司
定　　　價／400元
初 版 日 期／2023年11月

國家圖書館出版品預行編目資料

會計術語比較大全：商務人士必知的會計知識 /
石川和男作；趙鴻龍譯. -- 初版. -- 新北市：楓葉
社文化事業有限公司, 2023.11　面；公分

ISBN 978-986-370-616-8（平裝）

1. 會計學　2. 財務報表

495.1　　　　　　　　　　　　　112016749